曲がった空間の幾何学

現代の科学を支える非ユークリッド幾何とは

宮岡礼子　著

装幀／芦澤泰偉・児崎雅淑
カバーイラスト・本文イラスト／Studio-Takeuma
目次・本文デザイン／齋藤ひさの（STUDIO BEAT）
図版／さくら工芸社

まえがき

三角形の内角の和は180度。これは小学校で誰もが習うことで，1+1=2と同じくらい，基本的事実のひとつではないでしょうか。

しかし，本書を読めば，三角形の内角の和が180度ということが必ずしも成り立たない，いや，むしろ成り立たない方が普通，ということがわかっていただけると思います。

通常，三角形といえば平面上で線分3本で囲まれた図形です。内角の意味も説明するまでもないでしょう。こうした図形に関していえば，もちろんこの「内角の和が180度」という事実は未来永劫の真実です。

一方，私たちが住んでいる地球の縮小版である地球儀をもってきて，その上に三角形を描いてみましょう——といっても，地球儀に線分は書けませんから，この場合，三角形の三辺は大円弧，つまり地球の中心を通る平面の切り口でできる大円の一部に置き換えます。

例えば北極を通る2本の経線が，赤道で切り取られると，三辺が大円弧からなる三角形ができます（一辺は赤道の一部に当たります）。これは，のちに定義する測地三角形というものになっています。

さて，この三角形はユークリッド空間の三角形より少し太って見えませんか？　実際この場合，内角の和は180度より大きくなります。もはや「三角形の内角の和は180度」という神話は覆されたのです。これには地球の曲がり方を表すガウス曲率というものが正という事実が反映されています。

それでは，三角形の内角の和が180度より小さくなる空間はあるのでしょうか？　――あります，あります。むしろこちらの方が多いくらいです。例えば，球面とは逆にガウス曲率が負になる曲面（身近な例では懸垂線を回転してできる懸垂面という曲面。12.3節参照）の上に，線分に代わる測地線で三角形を書くと，痩せた三角形ができて，その内角の和は180度より小さくなります。

このように，考える空間が曲がっていると，もはやユークリッド幾何は成り立ちません。三角形の内角の和が180度になることを証明するには，平行線の公理が必要でしたが，この公理が成り立たない，「非ユークリッド幾何」というものがあるのを聞いたことがあるでしょう。
本書ではこうした「通常とは違う」「高校まで習わなかった」，曲がった空間の幾何を紹介します。

航空機が遠距離を結ぶ交通機関として当たり前になった現在，「東京からパリへ飛ぶのにどの航路を選べばエコか」，こんな身近な疑問にもお答えしていきます。「朝顔のつるはなぜあのように巻きついているのか」「巻き貝の貝殻はなぜあの形なのか」，そうした疑問への解答を，できるだけ予備知識なしで解説したいと思っています。
アインシュタインの相対性理論がリーマン幾何学の手法で説明されたように，現代幾何学は他分野の最先端理論にも大きな貢献をしています。2016年のノーベル物理学賞を受賞した3名の業績は，トポロジー（位相幾何学）の考え方を用いて，超電導などの物理現象を解明したというものです。発表の際に行われる業績説明の席では，本書に現れる曲面の種数についての説明が，ドーナツ型やプレッツェルとよばれる穴あきのパンを使ってなされました。トポロジーでは切った貼ったの変形ではなく，伸び縮みなどの連続変形で不変な性質を扱います。穴の数のような整数値をとる量があると，それは連続変形では変化しません。この考え方をスピンホール効果などの物理現象の解明に用いて成功したのが，上記のノーベル賞受賞者の業績です。

本書では，数学的厳密さより，わかりやすさを心がけていますので通常の数学書よりはずっと読みやすいことを請け合います。高校ないし大学初年度の学生さんなら，知ってよかったと思ういろいろな事実に触れられると思います。お仕事をしている方も，久しぶりにこんな本を読んでみると，以前より数学に興味が湧くのではないでしょうか。毎日1ページずつでも読んでみてください。

見出しに「*」をつけた章や節は，少し内容が高度になりますので，最初はとばしてもかまいません。また，第14章と第15章も高度な内容を含んでいますが，ポアンカレ予想の解決にぜひ言及したいと考えて書きました。第4章で述べる2次元閉曲面の分類に加えて，2003年に解かれた3次元空間の分類に関わることですので，興味のある方はお読みください。さらに，もっと先を読んでみたい方には，拙著『現代幾何学への招待』（サイエンス社SGCライブラリ）を挙げておきます。我田引水となりますが，本書の次に読むのにちょうど良い内容かと思います。

ユークリッド幾何でない非ユークリッド幾何って……？

第3章 非ユークリッド幾何からさまざまな幾何へ …59

第4章 曲面の位相…72

トポロジーという言葉を聞いたことがありますか？

メビウスの帯って、
おもてとうらの
区別がつかない。

第5章 うらおもてのない曲面…88

第6章 曲がった空間を考える…96

いよいよ、**曲がった**空間の話題になります。

＊のついている章や節は，少し難しいので，はじめは飛ばしてもかまいません。

この章では，物理
の力学の基礎を話
題にします。

第13章 行列ってなに？…192

行列について，一度整理しておきましょう。

第14章 行列の作る曲がった空間*…205

行列が作る群について考えます。

*のついている章や節は，少し難しいので，はじめは飛ばしてもかまいません。

ギリシャ文字の読み方

Α	α	アルファ
Β	β	ベータ
Γ	γ	ガンマ
Δ	δ	デルタ
Ε	ε	イプシロン
Ζ	ζ	ゼータ
Η	η	イータ
Θ	θ	シータ
Ι	ι	イオタ
Κ	κ	カッパ
Λ	λ	ラムダ
Μ	μ	ミュー
Ν	ν	ニュー
Ξ	ξ	クサイ、クシー
Ο	o	オミクロン
Π	π	パイ
Ρ	ρ	ロー
Σ	σ	シグマ
Τ	τ	タウ
Υ	υ	ウプシロン
Φ	φ	ファイ
Χ	χ	カイ
Ψ	ψ	プサイ、プシー
Ω	ω	オメガ

記号の読み方

∂	デル、ラウンド
∇	ナブラ
$\triangle$	ラプラス作用素、ラプラシアン
$\dot{c}$	シー・ドット
$\hat{c}$	シー・ハット
$\widetilde{U}$	ユー・チルダ
$\dfrac{df}{dx}$	ディーエフ・ディーエックス
$\int$	インテグラル

第1章 はじめに

1-1 曲がっていない空間

本書のタイトルである，曲がった空間を考える前に，まず曲がっていない空間をはっきりさせましょう。1次元ならまっすぐなのは直線ですし，2次元なら曲がっていないのは平面です。

では「曲がっている」とはどういうことでしょうか。こんな当たり前のことをいきなり聞いてすみません。でも，これから扱う「曲がった空間」を述べるには欠かせない疑問です。

まず私たちの住んでいる3次元空間を考えましょう。これは通常**ユークリッド空間**とよばれる，縦，横，奥行きという3つの座標を入れることのできる3次元空間です。ここにはユークリッド距離とよばれる距離があって，長さや面積，体積を測ることができます。ユークリッド＝EuclidのEをとって，3次元のこの空間をE^3と表すことにします。

しかし宇宙から地球を見たら，地球は丸い，つまり私たちは平らな空間で生活しているわけではありません。それでも，日常生活では，平らなところにいると思ってもさほど違和感はなく，むしろ，いちいち丸い地球の上にいることを意識することはないと言ってよいでしょう。

このことは曲がった空間を考えるときの大きなヒントです。

例えば，私たちはいわゆる曲線の接線というものを知っています。これは曲がった曲線のある点の近くを虫眼鏡で思い切り拡大して，曲線を直線のように見るということです。もしくは私たちが曲線の上で限りなく小さくなると，曲線が直線に見えてくると言ってもよいかもしれません。

私たちの住んでいる地球も，人間という小さな存在にとっては平らな空間に見えるわけです。

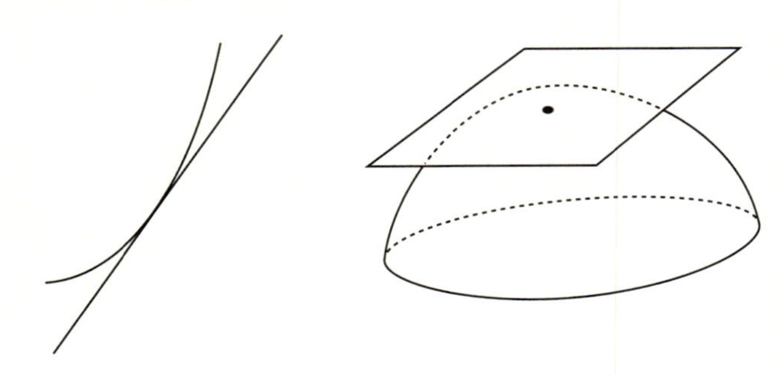

このように，どんな複雑な図形も，ごくごく小さな部分は平らに見える，いや，平らとみなしてしまおうというのが，接線や接平面を考える動機なのです。曲がっている空間を直接扱うのは大変なので，まずはごく小さなところを平らだと思って見てみようというわけです。

その利点は主として2つあります。一つは曲がった空間に**座標**が入ること，もう一つは，曲がった空間に長さが定義できることです。

実際，接線や接平面という平らな空間に入っている座標（パラメーター）を，そのまま図形の小さな部分の座標と思ってしまえば，その部分の点を表すのに，この座標が使えます。ただし，別の座標で同じ点を表したとき，必要な計算が2つの座標の間でくい違ってしまっては困ります。そこで，隣り合う座標の間の関係が両立するような座標の集団が取れる空間を考えて，これを**多様体**（たようたい）というのです。多様体は曲がった空間を述べるのに不可欠な概念で，平らな座標空間を貼り合わせてできるのですが，詳しくはもう少しあと（6.2節）で述べることにします。

もう一つ，接線や接平面といった平らな空間に長さを定めて，それを用いて曲がった空間の曲線の長さを測ることができるのです。平らな空間を**線形空間**とよぶことにしましょう(1.3節で正確な定義を述べます)。ここに**内積**というものを定めれば，線形空間に長さを定義することができます。内積の詳細は1.4節で紹介し，曲線の長さについても，1.5節でわかりやすく解説します。

いずれにせよ，曲がっていない空間の幾何を学ぶことはとても重要で，これが小学生のときから学んでいるユークリッド幾何とよばれる幾何なのです。ユークリッド幾何は，地球が丸いことが確認されるよりずっと以前に生まれた幾何学で，いまだにすべての幾何学の基本になっています。

1-2 ユークリッド距離とは？

では，私たちが住んでいる空間で考える長さとはなにかを復習しましょう。

家具を買うときは，まず収まるかどうか，窓やドアの位置に気をつけながら，寸法を測って図面に書いたりして検討します。

ここで使う長さは，私たちの住んでいる空間が平らであるとみなして得られる**ユークリッド距離**というものです。

ピタゴラスの定理＝三平方の定理を思い出しましょう。直角三角形の斜辺の長さをcとして，直角を挟む2辺の長さをa, bとすれば，

$$a^2+b^2=c^2$$

が成り立ちます。

このことから，平面にx, y座標をいれて，2点を

$$p=(x_1, y_1),\quad q=(x_2, y_2)$$

とするとき，p, q間の距離は

$$\overline{pq}=\sqrt{\left(x_2-x_1\right)^2+\left(y_2-y_1\right)^2} \tag{1.1}$$

で与えられることがわかります。

平面上にこのユークリッド距離をいれたものをE^2と書いて，**ユークリッド平面**といいます。

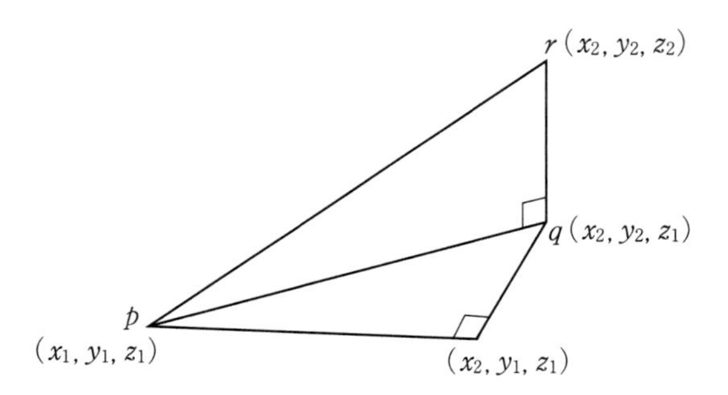

さらに，ピタゴラスの定理をもう1回使うと，3次元ユークリッド空間E^3の座標をx, y, zとして，

$$p=(x_1, y_1, z_1),\quad r=(x_2, y_2, z_2)$$

の間の距離は

$$\overline{pr}=\sqrt{\left(x_2-x_1\right)^2+\left(y_2-y_1\right)^2+\left(z_2-z_1\right)^2} \qquad (1.2)$$

となります。このようにして得られる距離を**ユークリッド距離**とよびます。これによって線分の長さを簡単に求めることができます。

余談ですが，(1.2) はベクトル $\overrightarrow{pr}$ の長さで，これを $\left|\overrightarrow{pr}\right|$ と表します。ベクトルとは，線分に方向を与えたもので，よく矢印で表現されます。これをもう少し数学的に述べておきましょう。

1-3 ベクトルと線形空間

みなさんは今まで数学というと，数を扱う学問と思ってきたことでしょう。もちろんそれは正しいのですが，数の組，例えば，x, y座標を(3, 2)と与えればこれは平面上のx座標が3，y座標が2の点を表します。さらにこの点を原点と矢印で結べば，大きさと方向をもつ**ベクトル**という新しい概念が生まれます。矢印の出発点を**始点**，矢先を**終点**といいます。原点を始点とするベクトルは特に**位置ベクトル**とよばれます。このとき，

平行移動したベクトルはすべて同じベクトルと考える。

つまり始点が原点にあるとは限らなくても，大きさと向きが同じなら，同じベクトルだと考えるわけです。ただこれではベクトルを特定するのが難しくなるので，原点を始点とする位置ベクトルをその代表と思うのです。

2つの位置ベクトルに対して，それらの和を，x座標どうし足し，y座標どうしを足して得られる座標で表される点の位置ベクトルとすると，ベクトルの和が定義できます。もちろんこれは，みなさんがよく知っている2つのベクトルで張られる平行四辺形の対角線を結ぶベクトルです。

また，1つのベクトルを何倍かすることを，ベクトルのスカラー倍といいます。**スカラー**とは数のことで，ベクトルと区別してスカラーとよびます。スカラーは大きさ（マイナスのこともある）だけをもち，向きはもちません。

上で考えた平面ベクトル全体のなす空間を$\mathbb{R}^2$と書いて，2次元実数ベクトル空間といいます。

ユークリッド平面E^2との違いは，$\mathbb{R}^2$には足し算，スカラー倍だけがあって，まだ距離は与えられていないことです。

3次元空間で同様に考えれば，3つの成分(x, y, z)をもつ空間の位置ベクトルを用いて，空間ベクトルどうしの足し算，スカラー倍が同様に定義できます。この空間を$\mathbb{R}^3$と書いて，3次元実数ベクトル空間といいます。

$\mathbb{R}^2$や$\mathbb{R}^3$を一般化して，n個の座標$(x_1, x_2, \cdots, x_n)$をもつベクトルのなす空間を$\mathbb{R}^n$で表し，**n次元実数ベクトル空間**とよぶことにします。これをさらに抽象化してみましょう。

空間Vが与えられたとします。Vの2つの元(げん)$\boldsymbol{u}, \boldsymbol{v}$の間に，足し算（+）とスカラー倍が定義されているとしましょう。今，スカラーa, bに対して$a\boldsymbol{u}+b\boldsymbol{v}$がまた$V$の元になるとき，空間$V$のことを，**線形空間**，または**ベクトル空間**といいます。またVの元を**ベクトル**とよびます。

$a\boldsymbol{u}$を$\boldsymbol{u}$のスカラー倍，$a\boldsymbol{u}+b\boldsymbol{v}$を$\boldsymbol{u}$と$\boldsymbol{v}$の**1次結合**または**線形結合**といいます。ここに現れる係数a, bは複素数でもよいのですが，本書では実数のみを扱うことにします。蛇足とは思いますが，見逃しがちなこととして，

線形空間には必ず0元がある。

実際，$\boldsymbol{u}-\boldsymbol{u}=\boldsymbol{0}$ですから，0元のない空間は線形空間ではありません。

数学ではしばしばこのような抽象化が行われ，矢印で表されたベクトルが，いつのまにか，足し算とスカラー倍をもつ

空間Vの元$\boldsymbol{u}, \boldsymbol{v}$

空間はそもそも集合です。集合を構成する一つひとつの要素を元（げん）といいます。

線形空間

厳密な線形空間の定義では，足し算についての交換法則や結合法則，スカラー倍についての分配法則などが必要ですが，ここでは省きます。

抽象概念に化けることで，より普遍的な性質を調べることができるようになります。

例えば，xの関数$f(x)$と$g(x)$の間には足し算とスカラー倍を

$$(f+g)(x)=f(x)+g(x),\quad (af)(x)=af(x)$$

として自然に定義することができます。したがって関数全体はベクトル空間$\mathcal{V}$を形作ります。ただし，この場合，先ほどとの決定的な違いは，$\mathcal{V}$は**有限次元**ではなく，**無限次元**の空間となることです。

ところで，**次元**とはベクトル空間の任意の元を表すことのできる，最も少ないベクトルの個数のことです。例えば$\mathbb{R}^2$なら，互いに平行でない2つのベクトルがあれば，他の任意のベクトルはこれらの一次結合で書けますから，このベクトル空間は2次元となるわけです。同様に$\mathbb{R}^3$は3次元です。

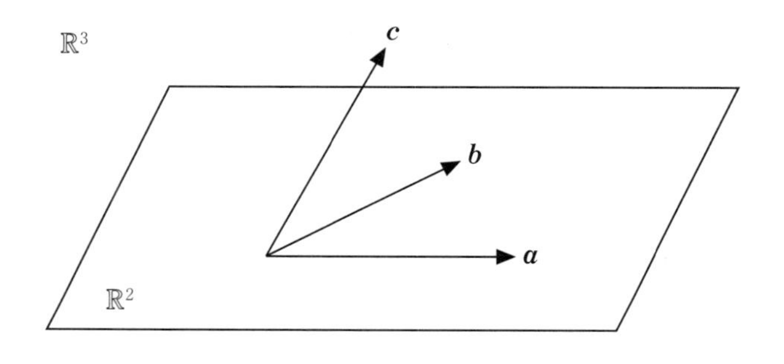

0元

零元とも書き，「ぜろげん」「れいげん」と読みます。ベクトルとして見れば，零ベクトル$\mathbf{0}$。任意の$\boldsymbol{v}\in V$に対して，$\boldsymbol{v}+\mathbf{0}=\mathbf{0}+\boldsymbol{v}=\boldsymbol{v}$となります。

関数の作る線形空間$\mathcal{V}$の場合，このように便利な有限個のベクトルを見つけることはできないので，**無限次元**であるということにします。

さて次に2次元実数ベクトル空間$\mathbb{R}^2$で，原点を通る直線lを考えましょう。l上の点p, qを位置ベクトル$\boldsymbol{p}$, $\boldsymbol{q}$と思うと，$a\boldsymbol{p}+b\boldsymbol{q}$はまた$l$にのっていますから，$l$は線形空間です。このように，線形空間$\mathbb{R}^2$の部分集合がまた線形空間になっているとき，その空間を**部分空間**といいます。

一方，原点を通らない直線は0を含まないので，先ほど述べたことから線形空間ではありません。$\boldsymbol{p}+\boldsymbol{q}$は$l$からはみ出してしまいます。このように原点を通らない直線は**アフィン空間**とよばれ，線形空間とは異なる空間です。同様に，3次元実数ベクトル空間で，原点を通る平面は線形空間ですが，原点を通らない平面は線形空間ではなく，アフィン空間とよばれる空間になります。

ただ，線形空間もアフィン空間も**平らな空間**であることは間違いありません。

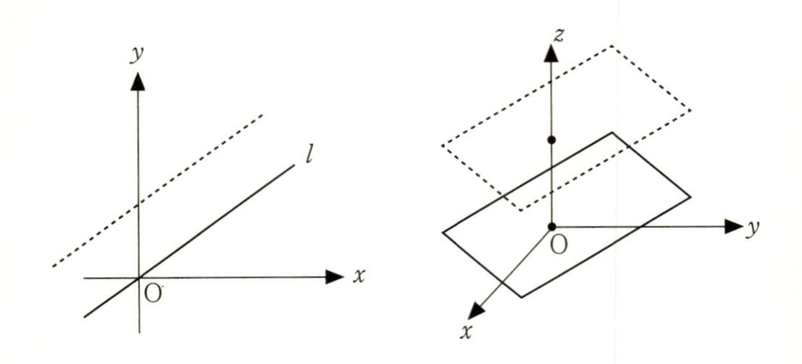

みんな，ベクトルを1つずつ持って歩いてる！

余談

1変数の**n次実多項式**とは，$a_0, a_1, \cdots, a_n$を実数として，

$$f(x) = a_n x^n + a_{n-1} x^{n-1} + \cdots + a_1 x + a_0$$

で表される関数のことです。nをその**次数**といいます。例えば1次式$f(x)=ax+b$は直線の方程式としてお馴染みのものです。直線は英語で**line**，現代ではLINEといえば通信網と思ってしまうかもしれませんが，lineとはもともと直線のことです。

線形はlinearの和訳ですが，しばしば線形よりも，1次という方がピンとくることがあります。例えば2つのベクトルの線形結合$a\boldsymbol{u}+b\boldsymbol{v}$は，関数でいえば$ax+by$という（2変数ですが）1次式に見えるので，1次結合ともいわれるのです。

このように「線形」のつくさまざまな名称，線形計画法とか，方程式を線形化する，などの意味は，高次の部分を無視して，1次の部分だけを取り出して考えるということです。曲がった空間の身代わりに接空間（これは線形空間）を考える，これも線形化の典型です。

1-4 長さと角度

先ほど$\mathbb{R}^2$とE^2の違いをお話ししましたが，$\mathbb{R}^2$に内積とよばれるものを入れると，そこから距離を定めることができ，ユークリッド平面E^2が誕生します。

位置ベクトル$\boldsymbol{p}, \boldsymbol{q}$

ベクトルはしばしば太字の小文字で記されます。

平面ベクトルの標準（または，ユークリッド）内積とは，

$$\boldsymbol{u}=(u_1, u_2),\quad \boldsymbol{v}=(v_1, v_2)$$

とするとき，

$$\langle \boldsymbol{u}, \boldsymbol{v}\rangle = u_1v_1 + u_2v_2 \tag{1.3}$$

のことです。内積$\langle\ ,\ \rangle$は次の3つの性質：

N1. $\langle \boldsymbol{u}, \boldsymbol{v}\rangle = \langle \boldsymbol{v}, \boldsymbol{u}\rangle$：対称性。$\boldsymbol{u}, \boldsymbol{v}$を入れ替えても値は変わらない。

N2. $\langle a\boldsymbol{u}_1 + b\boldsymbol{u}_2, \boldsymbol{v}\rangle = a\langle \boldsymbol{u}_1, \boldsymbol{v}\rangle + b\langle \boldsymbol{u}_2, \boldsymbol{v}\rangle$, $a, b \in \mathbb{R}$：線形性

N3. $\langle \boldsymbol{u}, \boldsymbol{u}\rangle > 0$, $\boldsymbol{u} \neq 0$：正値性

をみたすことがすぐに確かめられます。

内積が与えられると，N3により

$$|\boldsymbol{u}| = \sqrt{\langle \boldsymbol{u}, \boldsymbol{u}\rangle}$$

が定義できます。これをベクトル$\boldsymbol{u}$の**ノルム**，または**長さ**といいます。

すると$\mathbb{R}^2$の2点p, q間の距離は，（1.1）とその続きの部分で述べたように，ベクトル$\overrightarrow{pq}$の長さ

$$|\overrightarrow{pq}|$$

で与えられ，$\mathbb{R}^2$の2点間の距離が定まります。こうしてユー

$a, b \in \mathbb{R}$
$\mathbb{R}$は実数体。$\in$は「属する」を表す記号で，$a, b \in \mathbb{R}$は「a, bが実数体に属する」つまり，「a, bが実数」ということです。

クリッド平面E^2が誕生するわけです。

より一般に，n次元実数ベクトル空間$\mathbb{R}^n$のベクトル$\boldsymbol{u}=(u_1, \cdots, u_n)$, $\boldsymbol{v}=(v_1, \cdots, v_n)$に対して

$$\langle \boldsymbol{u}, \boldsymbol{v} \rangle = u_1v_1 + \cdots + u_nv_n \tag{1.4}$$

を考えると，これはN1, N2, N3をみたします。これを$\mathbb{R}^n$の**標準内積**とよびます。これで$\mathbb{R}^n$のベクトルの長さが決まりますから，2点p, q間の距離が$\left|\overrightarrow{pq}\right|$で与えられ，この空間は$n$次元ユークリッド空間$E^n$となるのです。逆に$E^n$の距離を忘れて，点を位置ベクトルと思って，足し算とスカラー倍だけ考えれば，線形空間$\mathbb{R}^n$が再現されます。

ここでは$n=1, 2, 3$で考えれば十分です。3次元ユークリッド空間E^3は，点を位置ベクトルと考えれば線形空間で，

$$\boldsymbol{u}=(u_1, u_2, u_3), \quad \boldsymbol{v}=(v_1, v_2, v_3)$$

の標準内積は，

$$\langle \boldsymbol{u}, \boldsymbol{v} \rangle = u_1v_1 + u_2v_2 + u_3v_3$$

で与えられます。線分の長さが（1.2）で与えられることも，この内積から決まるベクトルの長さを考えれば自然です。

次に2つのベクトル$\boldsymbol{u}$, $\boldsymbol{v}$のなす角度θを測りましょう。こ

(1.2)

$$\overline{pr} = \sqrt{(x_2 - x_1)^2 + (y_2 - y_1)^2 + (z_2 - z_1)^2}$$

れは

$$\cos\theta = \frac{\langle \boldsymbol{u}, \boldsymbol{v} \rangle}{|\boldsymbol{u}||\boldsymbol{v}|} \tag{1.5}$$

で与えられます。$\langle \boldsymbol{u}, \boldsymbol{v} \rangle = 0$のとき$\theta = \pm\frac{\pi}{2} = \pm 90$度で，2つのベクトル$\boldsymbol{u}, \boldsymbol{v}$は**直交する**といいます。

以上のように，

ベクトルの長さと，そのなす角度は内積から決まる。

一般の線形空間Vにおいても，ベクトル$\boldsymbol{u}, \boldsymbol{v}$に対して，実数$\langle \boldsymbol{u}, \boldsymbol{v} \rangle$が対応して，N1, N2, N3をみたすものを内積とよびます。

1-5 曲線の長さ

さて，3次元ユークリッド空間E^3内の曲がった曲線の長さはどうやって求めるのでしょうか。

曲線の長さの求め方は，直感的に言えば，曲線を線分で細かく近似して，各線分の長さの和を取り，分割を無限に細かくした極限値を取ればよいのです。これは求積法とよばれる積分の考え方の原点です。

もう少し説明しましょう。ここでは3次元ユークリッド空間E^3の曲線$\boldsymbol{c}(t)$（空間曲線）を考えます。以下の議論は，

内積の性質

N1. $\langle \boldsymbol{u}, \boldsymbol{v} \rangle = \langle \boldsymbol{v}, \boldsymbol{u} \rangle$：対称性

N2. $\langle a\boldsymbol{u}_1 + b\boldsymbol{u}_2, \boldsymbol{v} \rangle = a\langle \boldsymbol{u}_1, \boldsymbol{v} \rangle + b\langle \boldsymbol{u}_2, \boldsymbol{v} \rangle$, $a, b \in \mathbb{R}$：線形性

N3. $\langle \boldsymbol{u}, \boldsymbol{u} \rangle > 0$, $\boldsymbol{u} \neq 0$：正値性

微分，積分を知らない人にも直感で理解できることです。微分，積分という言葉はおまじないだと思ってください。

3次元ユークリッド空間E^3の座標を(x, y, z)とします。曲線が

$$\boldsymbol{c}(t)=(x(t), y(t), z(t)),\quad t\in[a, b]$$

という，E^3に値をもつ関数で与えられているとします。こうした関数をベクトル値関数ということもあります。$z(t)$がずっと0ならば，$\boldsymbol{c}(t)$はxy平面上の曲線になります。

径数がtから微小量Δtだけ変化したときの曲線の位置変化は，3次元のベクトル

$$\boldsymbol{c}(t+\Delta t)-\boldsymbol{c}(t) \tag{1.6}$$

で与えられます。これをΔtで割って，Δtを0に近づけた極限ベクトル

$$\frac{d\boldsymbol{c}(t)}{dt}=\lim_{\Delta t\to 0}\frac{\boldsymbol{c}(t+\Delta t)-\boldsymbol{c}(t)}{\Delta t} \tag{1.7}$$

があるとき，これを曲線のtにおける**接ベクトル**と名付け，$\dfrac{d\boldsymbol{c}(t)}{dt}$を$\dot{\boldsymbol{c}}(t)$とも書いて，$\boldsymbol{c}(t)$の$t$による微分といいます。極限は存在するかどうかわかりませんが，これがどのtでも

$t\in[a, b]$
$[a, b]$は，「a以上b以下」を表します。つまり，$t\in[a, b]$は，tは$a\leqq t\leqq b$をみたす値ということ。等号が入ることに注意。

Δt
デルタ ティーと読みます。Δtはtの微小量を表します。ΔはDに相当するギリシャ文字で，差を表すdifferenceより。

存在するとき，曲線$\boldsymbol{c}(t)$は微分可能であるといいます。$\dot{\boldsymbol{c}}(t)$とは，ベクトル$\boldsymbol{c}(t)$の3つの成分$x(t)$, $y(t)$, $z(t)$をそれぞれtで微分した成分$\dot{x}(t)$, $\dot{y}(t)$, $\dot{z}(t)$をもつベクトルにほかなりません。

以下では微分可能な曲線だけを考えます。さらに接ベクトルが消えないこと，つまり$\dot{\boldsymbol{c}}(t) \neq 0$も仮定しておきます。

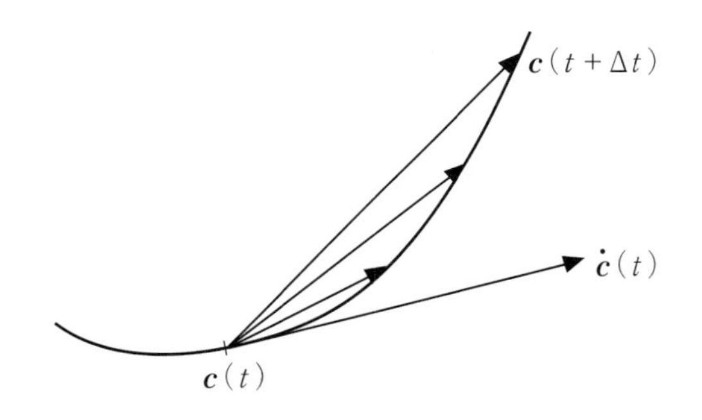

分割された曲線の微小部分の長さは，ユークリッド距離

$$|\boldsymbol{c}(t+\Delta t)-\boldsymbol{c}(t)|$$

に近いとみなせます。今

$$\Delta x = x(t+\Delta t) - x(t),\ \Delta y = y(t+\Delta t) - y(t),\ \Delta z = z(t+\Delta t) - z(t)$$

とおけば（1.2）と（1.6）から，

$\dot{\boldsymbol{c}}(t)$の読み

シー・ドット・ティーと読みます。

$$\left|\boldsymbol{c}(t+\Delta t)-\boldsymbol{c}(t)\right|=\sqrt{(\Delta x)^2+(\Delta y)^2+(\Delta z)^2}$$
$$=\sqrt{\left(\frac{\Delta x}{\Delta t}\right)^2+\left(\frac{\Delta y}{\Delta t}\right)^2+\left(\frac{\Delta z}{\Delta t}\right)^2}\,\Delta t \qquad (1.8)$$

となります。Δtで両辺を割って，$\Delta t \to 0$とすると，左辺は接ベクトルの長さ$\left|\dfrac{d\boldsymbol{c}(t)}{dt}\right|$に近づきます。したがって右辺のルートの部分はこの値に近づくわけです。

これに注意すると，(1.8) を分割

$$t_1=a<t_2=t_1+\Delta_1 t<t_3=t_2+\Delta_2 t<\cdots<t_n=b=t_{n-1}+\Delta_{n-1}t$$

において，$t=t_i$ごとに計算して総和をとり，$\Delta_i t \to 0\ (n\to\infty)$とすることにより，曲線の長さが，

$$\lim_{n\to\infty}\sum_{i=1}^{n}\left|\boldsymbol{c}(t_i+\Delta_i t)-\boldsymbol{c}(t_i)\right|$$

すなわち積分

$$L(\boldsymbol{c})=\int_a^b\left|\frac{d\boldsymbol{c}(t)}{dt}\right|dt=\int_a^b\left|\dot{\boldsymbol{c}}(t)\right|dt \qquad (1.9)$$

で求まることがわかります。積分とはこのように，曲線を細かく分割し各線分の長さをかき集めて足し，分割の幅を0に縮めた極限のことです。結論として，

$\lim_{n\to\infty}\sum_{i=1}^{n}\left|\boldsymbol{c}(t_i+\Delta_i t)-\boldsymbol{c}(t_i)\right|$ で $n\to\infty$ の意味

分割 $t_1<t_2<\cdots<t_n$ を無限に細かくするということです。

$\int_a^b$ の読み

「インテグラル・エー・ビー」または「インテグラル・エーからビー」と読みます。

曲線の接ベクトル $\dot{c}(t)$ の大きさを積分すると曲線の長さが求まる

というのが（1.9）の意味です。

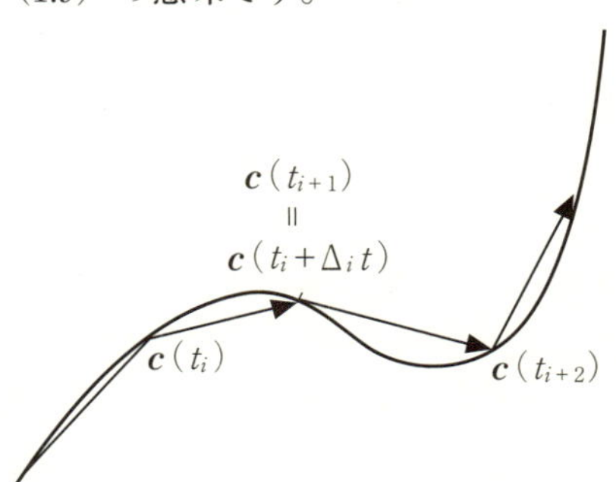

1-6 線分と円弧の長さ

ではここで，簡単な曲線の長さを測ってみましょう。

（1）線分 $\boldsymbol{c}(t)=(at+c,\ bt+d),\ t\in[t_1,\ t_2]$ の長さを求めます。$\dot{\boldsymbol{c}}(t)=(a,b)$ なので，$|\dot{\boldsymbol{c}}(t)|=\sqrt{a^2+b^2}$。よってこの線分の長さは

$$L(\boldsymbol{c})=\int_{t_1}^{t_2}|\dot{\boldsymbol{c}}(t)|dt=\int_{t_1}^{t_2}\sqrt{a^2+b^2}\,dt=\sqrt{a^2+b^2}(t_2-t_1)$$

$t\in[t_1,\ t_2]$

$t_1\leq t\leq t_2$ なので，t が t_1 から t_2 まで変化したときの軌跡が線分 $\boldsymbol{c}$ になります。

(2) 偏角θをパラメーターにもつ円$\boldsymbol{c}(\theta)=(\cos\theta, \sin\theta)$では，$\dot{\boldsymbol{c}}(\theta)=(-\sin\theta, \cos\theta)$より$|\dot{\boldsymbol{c}}(\theta)|=1$ですから，$\theta\in[\theta_1, \theta_2]$できまる円弧$c$の長さは，

$$L(\boldsymbol{c})=\int_{\theta_1}^{\theta_2}\left|\dot{\boldsymbol{c}}(\theta)\right|d\theta=\int_{\theta_1}^{\theta_2}d\theta=\theta_2-\theta_1 \tag{1.10}$$

すなわち，偏角の変化$(\theta_2-\theta_1)$が長さを与えます（8.3節参照）。

曲線のパラメーターの取り方はさまざまです。曲線を動く点の軌跡と思えば，パラメーターは時間を表すといってもいいでしょう。しかし時計を取り替えても，その軌跡の長さは変わりません。みなさんの家から学校あるいは職場に行く道のりは，進行速度がどうであろうと変わらないのと同じです。つまり曲線の長さはパラメーターの取り方によりません。パラメーターを変えることは，

$$\varphi : [\alpha, \beta] \to [a, b]$$

なる単調な関数$t=\varphi(\tau)$を用いて，

$$\hat{\boldsymbol{c}}(\tau)=\boldsymbol{c}\big(\varphi(\tau)\big)=\boldsymbol{c}(t)$$

というように，新たな時間τ（タウ）で考えることですが，パラメーターτを取ったにしても，曲線$\hat{\boldsymbol{c}}$の描く図形は$\boldsymbol{c}$の

$\boldsymbol{c}(\theta)=(\cos\theta, \sin\theta)$
原点が中心，半径1の円です。

φ
ギリシャ文字のファイの小文字。アルファベットのfに相当します。

$\hat{\boldsymbol{c}}(\tau)$
シー・ハット・タウと読みます。

描く図形と同じで，長さは変わりません。

曲線の長さ $L(c)$ はパラメーターの取り方によらない。

これは式でも証明できることですが，ここでは直感的に理解しておきます。

第2章 近道

2-1 近道を探そう

さて，第1章で曲線の長さがわかったところで，次ページの図を見て，図形上の2点，p, qを結ぶ，図形上の最短線を探してみましょう。ここでは図形に沿う曲線だけを考えて長さができるだけ短い曲線を見つけたいのです。

❶ p, qが平面上にあれば，2点を結ぶ線分が最短です。2点に鋲(びょう)を打ってゴムひもをピンと張れば最短線が見つかります。これに疑問をもつ人はいないでしょうが，あとで少し詳しく説明します。

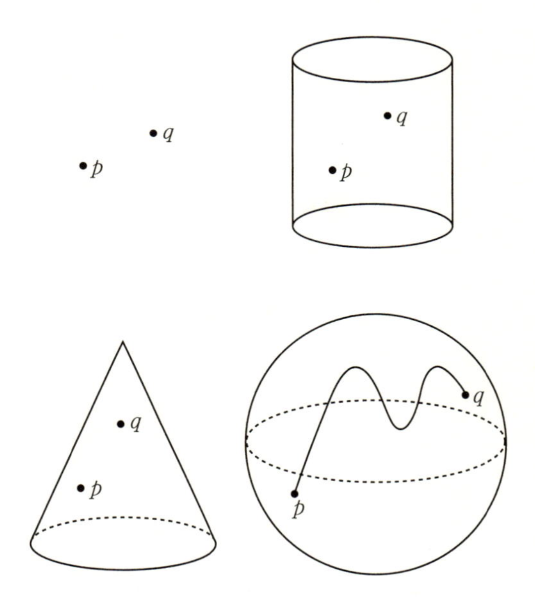

❷ さて茶筒の側面に2点を与えると，茶筒の上の最短線はどうなるでしょう？

ここでは曲がっている「茶筒の上」というのが問題です。つまり茶筒に沿った曲線で長さが一番短くなるものを見つけたいのです。これもゴムひもを茶筒に這(は)わせて引っ張る方法で見つかりますが，ちょっと頭の柔らかい人は，茶筒を縦に切り開いて長方形にすれば，長さを変えないで平らになるので，1と同じように線分が答えになることがわかります。茶筒上でのこの曲線は**常螺旋**（じょうらせん）とよばれる曲線です。朝顔や植物のつるは竿（さお）（円筒）の上を常螺旋に沿って伸びていきます。自然界の生き物は賢いのです。

❸ では円錐上の2点を結ぶ最短線は？

これも母線（頂点と底円の点を結ぶ線分）で切り開けば平面上の扇形になりますから，結局❶や❷と同様に考えられます。巻き貝の貝殻はこの線に沿って巻いています。それがエコなのです。

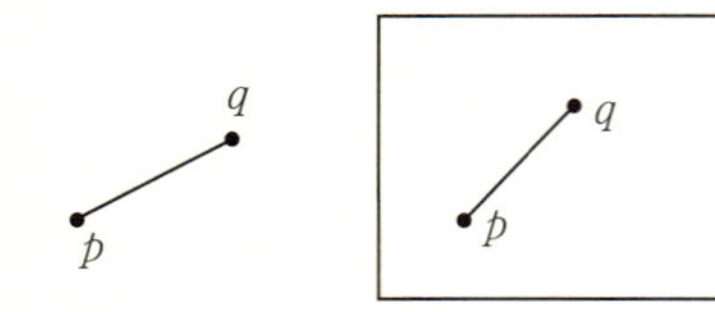

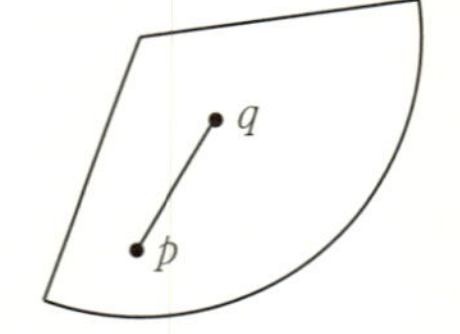

❹ 地球上の2点p, qを結ぶ最短線もゴムひもの方法で見つかりますが，メルカトル図法を習ったときに学んだように，地球は茶筒や円錐のように切り開いて平らにすることはできません。

この最短線を与える答えは，p, qと地球の中心を通る平面で地球を切った切り口（これを**大円**とよびます）の，p, qを結ぶ短い方の円弧です。地球の中心を通らない平面で切ると「小円」，つまり，もっと小さい円ができますが，p, qを通るどんな小円よりも，大円で切った円弧の方が長さは短くなるのです。

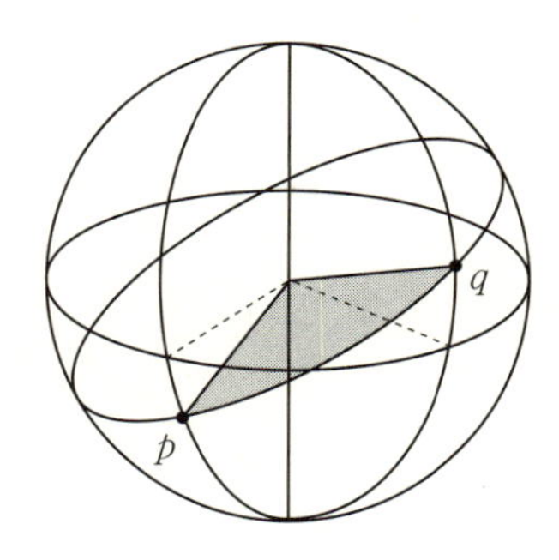

余談 飛行機の航路は燃料と時間の節約のため，この大円を軌道に選んでいて，**大圏航路**とよばれています。地図の上で，日本からハワイまでは，アメリカ西岸カナダ国境に近いシアトルよりずっと近く見えますが，距離を上の原理で測ると，日本—ハワイ間約6500km，日本—シアトル間約7700kmと地図上で感じるほどの違いはありません。地球儀の上でこのことを確かめてみてください。

さて話を元に戻して，近道の続きです。

❺ 馬の鞍（くら）のようにへこんだ曲面の上の2点p, qを結ぶ最短線はどのようになるでしょうか。困ったことに，この場合はゴ

ムひもが浮いてしまうので，ゴムひもの方法では最短線は見つかりません。

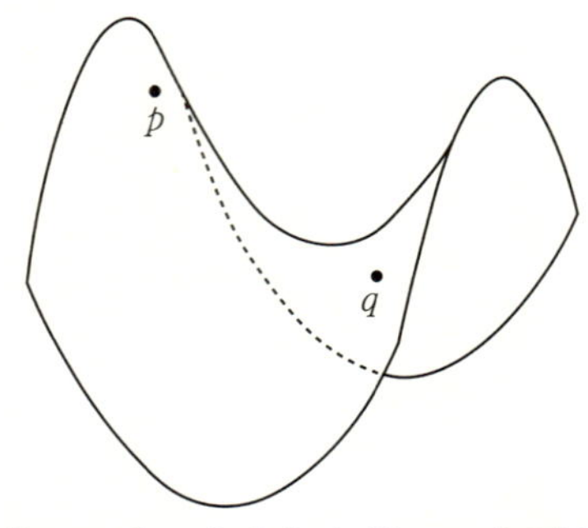

地球や馬の鞍のようにどう切り開いても平らにできない曲面を**曲がった空間**とよぶのは自然です。他方，切り開いて平らにできる円柱や円錐も，やはり曲がった空間とよびたくなりますが，のちに述べるガウス曲率というものを考えると，これは曲率0，つまり平坦な空間となっています。切り開くと平らになる曲面は，特別に**可展面**とよばれています（6.5節参照）。

では，平らにできない曲がった空間上の最短線はどのようにして見つければよいのでしょうか。

実は最短線はあとで述べる**測地線**というものの中から得られます。測地線とはなんでしょうか？　またそれはどのようにすれば見つかるのでしょうか？　そのためにまず，曲線の曲がり方とは何かを考えてみましょう。

2-2 曲線の曲がり方

車を運転するときに，まっすぐ等速で進むときはアクセルは踏み込みません。速度を上げたければアクセルを踏み込みますが，このときかかる力の向きは進む方向と同じです。走る曲線を時間パラメーターtを使って$\boldsymbol{c}=\boldsymbol{c}(t)$で表すと，速度ベクトルは位置$\boldsymbol{c}(t)$の$t$による1階微分$\dot{\boldsymbol{c}}(t)$，加速度ベクトルは2階微分です。もちろん2階微分とは$\dot{\boldsymbol{c}}(t)$をもう一度tで微分することです。

さて，曲線の長さ（1.9）を思い出しましょう。時間が$t=a$からtまで進んだときの曲線の長さを

$$s(t)=\int_a^t\left|\frac{d\boldsymbol{c}(t)}{dt}\right|dt \tag{2.1}$$

で表すことにします。$s(t)$を曲線の**弧長**といいます。積分したものを微分すると元に戻るので，

$$\frac{ds(t)}{dt}=\left|\frac{d\boldsymbol{c}(t)}{dt}\right| \tag{2.2}$$

に注意します。

そこで時計をちょっと替えて，この弧長sで時間を計ることにしましょう。以下の計算は，わからなくても構いませんので，そのまま読み進んでください。合成関数の微分を知っ

$\dot{\boldsymbol{c}}(t)$

シー・ドット・ティーと読みます。$\frac{d\boldsymbol{c}(t)}{dt}$とも書きます。$\dot{\boldsymbol{c}}(t)$をもう一度$t$で微分した2階微分は，物理ではしばしば$\ddot{\boldsymbol{c}}(t)$と書くことがあります。これは，シー・ツードット・ティーと読みます。

ていれば，

$$\frac{d\boldsymbol{c}(t)}{dt}=\frac{d\boldsymbol{c}(s)}{ds}\frac{ds(t)}{dt}=\frac{d\boldsymbol{c}(s)}{ds}\left|\frac{d\boldsymbol{c}(t)}{dt}\right|$$

となりますから，両辺のノルムを取ると，

$$\left|\frac{d\boldsymbol{c}(s)}{ds}\right|=1 \tag{2.3}$$

がわかります。つまりsという時間で計ると，速度は一定になります。この時計ではアクセルを踏んでも速度が変わらないので，加速度ベクトル $\frac{d^2\boldsymbol{c}}{ds^2}$ は進行方向と直交する方向に現れると考えられます。これは$\langle\ ,\ \rangle$をユークリッド内積として，

$$0=\frac{d}{ds}\left|\frac{d\boldsymbol{c}}{ds}\right|^2=\frac{d}{ds}\left\langle\frac{d\boldsymbol{c}}{ds},\frac{d\boldsymbol{c}}{ds}\right\rangle=2\left\langle\frac{d^2\boldsymbol{c}}{ds^2},\frac{d\boldsymbol{c}}{ds}\right\rangle$$

からもわかります。つまり加速度が進行方向と直角に働きますから，車はその方向に曲がるかわり，速度は変わらないのです。以下では，sに関する微分をダッシュ（$'$）で表します。

このようにアクセルを踏んでも速度が変わらないのは，車が曲がっているときです。逆に言えば，アクセルを踏まずに曲がると車の速度は落ちます。スピードを緩めたければ曲がる，これはスキーでも経験することです。

さて今，車が平らなところを走っているとします。つまり$\boldsymbol{c}(s)$は平面曲線であるとしましょう。このとき，曲線cの**曲率**を，加速度ベクトル$\boldsymbol{c}''(s)=\dfrac{d^2\boldsymbol{c}}{ds^2}$が進行方向の左側に向いているときはその大きさ，右側に向いているときは大きさのマイナスで定義して，κ（カッパ）と表すことにします。

曲率の絶対値が大きいほど，曲線は急カーブになります。逆にずっと曲率＝0ならば，これは直線で曲がらないわけです。力学によれば，加速度＝力（質量1として）ですから，一定の力を与えているのに速度が変わらないとき，車は円を描いてぐるぐる回ります。

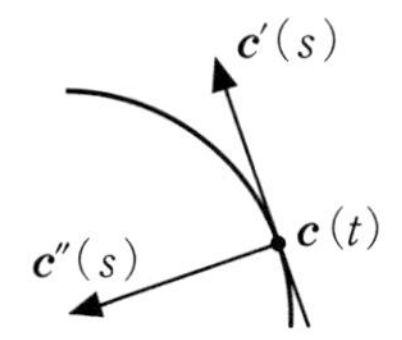

地球が太陽の周りを回ったり，月が地球の周りを回ったりしているのも同じ原理で，月は地球の重力に常に引っ張られているので遠くに飛んで行かずに地球の周りをぐるぐる回っています。人工衛星の飛ばし方もこの原理です。

軌道半径が非常に大きいと，曲率は0に近い，つまり直線に近くなることに異議を唱える人はいないと思います。そこで，

$\boldsymbol{c}''(s)$
シー・ツーダッシュ・エスと読みます。

κ
カッパの小文字。カッパはアルファベットのkに相当するギリシャ文字です。

半径 r の円の曲率は $\frac{1}{r}$ である

を示してみましょう。半径 r の円の方程式は

$$x^2+y^2=r^2$$

ですから，天下りですが，s をパラメーターとして，

$$\boldsymbol{c}(s)=\left(r\cos\frac{s}{r},r\sin\frac{s}{r}\right)$$

とおくことができます。すると，s による微分は

$$\boldsymbol{c}'(s)=\left(-\sin\frac{s}{r},\cos\frac{s}{r}\right)$$

となり $|\boldsymbol{c}'(s)|=1$ をみたし，s が弧長であることがわかります。したがって加速度ベクトルはもう一度 s で微分したもの，すなわち

$$\frac{1}{r}\left(-\cos\frac{s}{r},\ -\sin\frac{s}{r}\right)$$

となり，$\boldsymbol{c}'(s)$ を反時計回りに90度回した方向の $\frac{1}{r}$ 倍ですから，曲率の定義から $\kappa=\frac{1}{r}$ となります。半径 r が大きくなるほど κ は0に近づき，まっすぐになっていくわけです。

曲線に1点で接する円は無限個ありますが，そのうち「2次の接触」をする円を**曲率円**といいます。これは，曲線と最

$\sin\frac{s}{r}$, $\cos\frac{s}{r}$ の微分

$\sin\frac{s}{r}$ を s で微分すると $\frac{1}{r}\cos\frac{s}{r}$ です。$\frac{s}{r}$ を s で微分した $\frac{1}{r}$ が前に出ることに注意。同様に，$\cos\frac{s}{r}$ を s で微分すると $-\frac{1}{r}\sin\frac{s}{r}$ です。

もぴったりくっついている円のことです。この円の半径Rの逆数$\frac{1}{R}$が，曲線の曲率κの絶対値を与えます。正確には，曲率円が接線の左側にあるとき$\kappa = \frac{1}{R}$，右側にあるとき$\kappa = -\frac{1}{R}$となります。

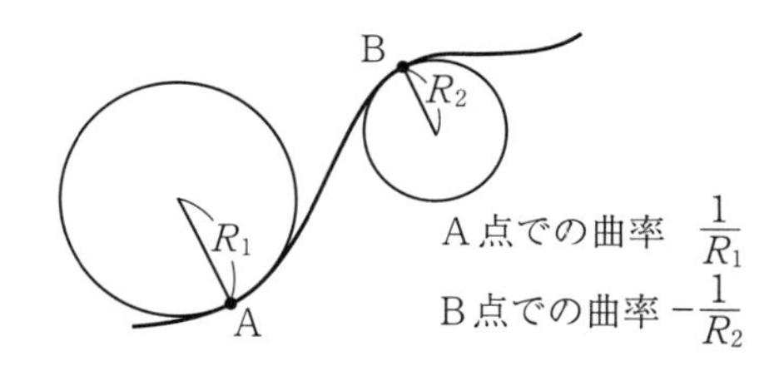

では次に車が坂道もあるところを走っている場合を考えましょう。つまり$\boldsymbol{c}(s)$は空間曲線です。空間曲線の**曲率**κはもっと単純で，単に加速度ベクトル$\boldsymbol{c}''(s)$の大きさとして定義されます。パラメーターが弧長であることに注意しましょう。したがって常に$\kappa \geq 0$が成り立ちます。$\kappa \neq 0$のとき，

平面曲線は左曲がりのとき曲率は正，右曲がりのとき曲率は負，空間曲線の曲率は常に正と定める。

以上で平面曲線と空間曲線について，曲率κというものがわかりました。平面曲線の形状は，曲率で決まってしまうの

ですが，空間曲線については次のことも基本です。

空間曲線では，道のねじれを表す**振率**（れいりつ）τというものが新たに加わります。空間は3次元なので，接ベクトル方向$\boldsymbol{e}_1$，加速度ベクトル方向$\boldsymbol{e}_2$に加えて，これらと直交する第3の方向$\boldsymbol{e}_3$が現れます。$\boldsymbol{e}_1, \boldsymbol{e}_2, \boldsymbol{e}_3$は長さが1で，互いに直交する**正規直交基底**とよばれるものとして，とくに右手系（通常のx, y, z座標と同じ順序）になるよう，$\boldsymbol{e}_3$を選びます。これらは曲線$\boldsymbol{c}(s)$の各点で定義されますから，sの（ベクトル値）関数です。$\boldsymbol{e}_1, \boldsymbol{e}_2, \boldsymbol{e}_3$を空間曲線の**フレネ**（Frenet）**枠**といいます。

これらの間には次の**フレネの公式**というものが成り立ちます。

$$\begin{cases} \boldsymbol{e}_1' = & \kappa \boldsymbol{e}_2 & \\ \boldsymbol{e}_2' = -\kappa \boldsymbol{e}_1 & & +\tau \boldsymbol{e}_3 \\ \boldsymbol{e}_3' = & -\tau \boldsymbol{e}_2 & \end{cases}$$

ここに現れるτを捩率というのです。証明は，$\boldsymbol{e}_1, \boldsymbol{e}_2, \boldsymbol{e}_3$が正規直交であることから簡単にできますが，ここでは触れません。

余談 脱線ですが，大動脈瘤という病気があります。血液が心臓から出て行く通り道である大動脈がねじれたりコブになったりして血流が悪くなり，下手をすると命を失う病気で

振率τ
τはタウと読みます。アルファベットのtにあたるギリシャ文字の小文字。

フレネ
Jean Frédéric Frenet

す。これを正しい形に矯正するため，ステントという管を使う治療が行われています。この解析には曲線の曲率や捩率を考えることが重要です。このように幾何学で学ぶ曲線論が，医学の世界でも使われているのです。

ところで，空間曲線は外が3次元，曲線が1次元ですので，差が2次元あります。これを**余次元が2である**といいます。余次元が2になると，考察が複雑になりますので，本書では主に余次元が1の場合を扱います。つまり曲面の上の曲線とか，3次元空間の中の曲面とかを扱います。

2-3 近道は測地線

次にユークリッド空間E^3内の曲面Mを考え，Mの上の曲線$\boldsymbol{c}$を考えましょう。Mは茶筒や地球にあたります。ここでMにはE^3のユークリッド距離から自然にきまる物差しを与えておきます。つまりMの曲線$\boldsymbol{c}$の弧長sは，$\boldsymbol{c}$を空間曲線と考えたときの弧長にほかなりません。

一方，今Mを全世界と考えると，曲率としては，空間曲線$\boldsymbol{c}(s)$の加速度ベクトル$\boldsymbol{c}''(s)$のMに接する成分の大きさだけを考えるのが自然です。質量が1のとき，加速度＝力ですから，質点が曲面上を運動するときには，曲面に直交する力は影響しないと考えるべきです。もし影響したら，質点は曲面から飛び出して行ってしまいます。

一般に$\boldsymbol{c}(s)$の加速度ベクトル$\boldsymbol{c}''(s)$は必ずしもMに接していないので，その接する方向$\boldsymbol{k}_g$だけを考えましょう。$\boldsymbol{k}_g$を$\boldsymbol{c}$の**測地的曲率ベクトル**，直交する成分$\boldsymbol{k}_n$を**法曲率ベクトル**といいます。

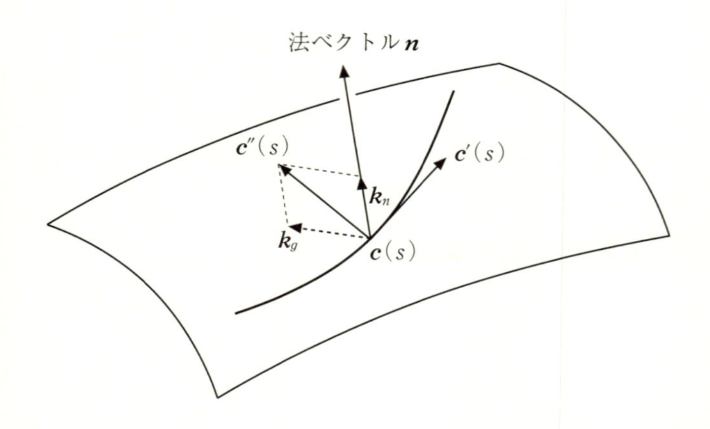

地球は2次元の球面（sphere）ですが，その半径を1と考えて，$S^2(1)$と表すことにしましょう。単にS^2と表すこともあります。その大円$\boldsymbol{c}(s)$とは，地球の中心を通る平面で切ったときに地球の表面に現れる曲線のことでした（2.1節）。これはもちろん半径が1の円になっています。

さて，平面曲線としての半径が1の円の曲率は，2.2節で

見たように $\frac{1}{r}=1$ であったのに対し，球面 $S^2(1)$ の世界で見ると「まったく曲がっていない」，つまり $\boldsymbol{k}_g=\boldsymbol{0}$ であることが次のようにしてわかります。

$S^2(1)$ は3次元ユークリッド空間に入っていますから，その座標を用いて，

$$S^2(1)=\{(x, y, z)\in E^3 \mid x^2+y^2+z^2=1\}$$

と表すことができます。このとき赤道を表す大円は z 座標が0ですから，$x^2+y^2=1$ となり，

$$\boldsymbol{c}(s)=(\cos s, \sin s, 0)\in S^2\subset E^3$$

と表すことができます。その速度ベクトルと加速度ベクトルは s で微分することにより，それぞれ

$$\begin{aligned} \boldsymbol{c}'(s)&=(-\sin s, \cos s, 0) \\ \boldsymbol{c}''(s)&=(-\cos s, -\sin s, 0)=-c(s) \end{aligned} \tag{2.4}$$

で与えられます。ここで s は（2.3）をみたしますから弧長で，加速度ベクトルは $\boldsymbol{c}''(s)$ ですが，ちょうど位置ベクトルにマイナスをつけたものですから，球面に直交してしまい，接成分 $\boldsymbol{k}_g=0$ です。つまり $S^2(1)$ の世界で考えれば，加速度ベクトルは $\boldsymbol{0}$ です。したがって大円は $S^2(1)$ の中では全く曲がっていないのです。実際，赤道の上に立って赤道を見る

円の曲率

半径 r の円の曲率は $\frac{1}{r}$ です。（→P46）

$S^2(1)$

中心は原点で，球の半径は1。

$\boldsymbol{c}'(s)$，$\boldsymbol{c}''(s)$ の読み

シー・ダッシュ・エス，シー・ツーダッシュ・ニスと読みます。

と，赤道がまっすぐ伸びた直線に見えることが想像できると思います。

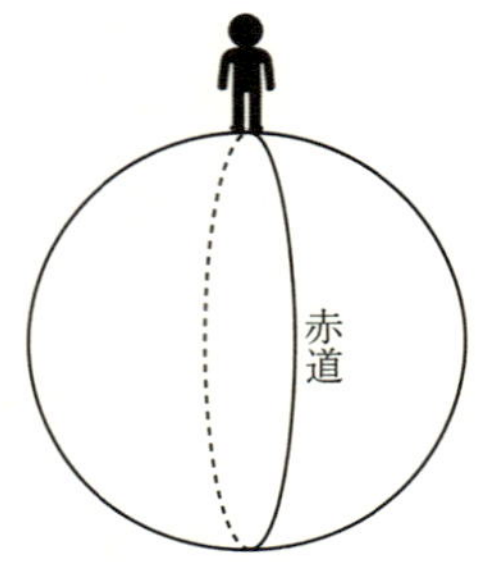

このことをもう少し説明します。

ユークリッド空間E^3の曲面M上の曲線$\boldsymbol{c}$を弧長パラメーターsで表示したとき，加速度ベクトル$\boldsymbol{c}''(s)$は曲面に接する方向$\boldsymbol{k}_g$と，直交する方向$\boldsymbol{k}_n$に分解できました。

測地的曲率ベクトル$\boldsymbol{k}_g$が消える曲線を測地線という。

つまり曲面の測地線とは加速度ベクトルの接成分が0の曲線，したがって測地線はMの世界では全く曲がっていない曲線ともいえます。その方程式は

$$\boldsymbol{k}_g = 0 \tag{2.5}$$

で与えられ，上で見たように，球面の大円はこれをみたしているわけです。

測地線とは，曲がった空間の上で
曲がっていない曲線のこと。

これは力学の観点からいうと，出発点と初速度だけ与えた質点が，外力なしで動いていく軌跡のことです。

ある地点から他の地点に行くのに，無駄に曲がれば道のりは増えるでしょう。こう考えると，最短線が測地線であることが直感的にうなずけると思います。

最短線は測地線である。

ただし，逆は必ずしも真ならず。後で述べるように，測地線だからといって最短線になるとは限りません。

繰り返しますが，朝顔や植物のつるは竿（円筒）の上を円筒の測地線（常螺旋）に沿って伸びていきます。太陽に向かって短い道を選んでいるのは自然の理(ことわり)といえるでしょう。

山登りも測地線に沿って登れば短い距離で登れ，疲れが少ないというわけです。山肌を刻む登山路は頂上に向かってジグザグ進む部分ごとには，自然と測地線になっているはずです。

ついでながら，平面曲線の場合は加速度ベクトルは平面から飛び出しませんから，$\boldsymbol{k}_g = \boldsymbol{c}''(s)$です。ですから測地線の

方程式は

$$\boldsymbol{k}_g = \boldsymbol{c}''(s) = \boldsymbol{0} \tag{2.6}$$

で，速度ベクトルは$\boldsymbol{c}'(s) = \boldsymbol{a}$という定ベクトル，つまり平面の測地線は

$$\boldsymbol{c}(s) = \boldsymbol{a}s + \boldsymbol{b} \tag{2.7}$$

と，まさに曲がっていない直線になるわけです（$\boldsymbol{b}$も定ベクトル）。

2-4 近道は1つとは限らない

ここで始めの話題に戻りましょう。私たちは，曲がった空間，特に3次元ユークリッド空間E^3の曲面M（茶筒とか，地球とか）を考えて，その上の2点を結ぶ最短線を探していました。

注意　一般には2点間の最短線が存在するかどうかはわかりません。平面上の2点でも，2点を結ぶ線分上に穴があいていたら，最短線は見つけられません。こうした場合を排除するには**完備**という概念が必要になります。考えている空間が完備であるとは，2点間の最短線が存在することです。以下では2点間の最短線があることを前提として議論を進めます。

上で述べたように，最短線は測地線です。特にMが平面のときは測地線の方程式が（2.6）という簡単なものになりました。一般に曲がった空間では，もっと複雑な項が現れて，具体的に解けるとは限りません。ただし，方程式は2階の常微分方程式（1変数の微分方程式）になりますので，解の初期値問題，つまり，出発点と，そこでの速度ベクトルを与えて測地線を求めるという問題は，常微分方程式の基本定理により解けます。このとき，Mの状況によって，

❶ 任意の初期値に対して測地線がいつまでもただ1つ存在する。
❷ 測地線が周期的になる（地球の大円のようにぐるぐる回る）。
❸ 測地線がどこかで消滅（Mに穴があいていたらそこから先へは伸ばせない）。

などが起こります。ここでは❸が起こる空間は考えないことにします。

いま仮に，測地線のことを近道とよびましょう。近道については次の事象にも注意しましょう。

円筒の2点を結ぶ最短線は展開図を描いてp, qを結んだも

のですが，第2の近道は後ろ側を回る線分になります。でも第3，第4の近道もあります。これは円筒を2周，3周してpからqに行く道です。展開図の上ではpとqをダイレクトに結ぶ線分よりも傾きの小さい線分の和になります。円錐の場合も同様ですが，これは山道を登るときに，急な道を選ぶか，なだらかな道を選ぶかの違いです。このように単に測地線といっても最短線とは限らず，第2，第3，……の近道も含まれることに注意しましょう。

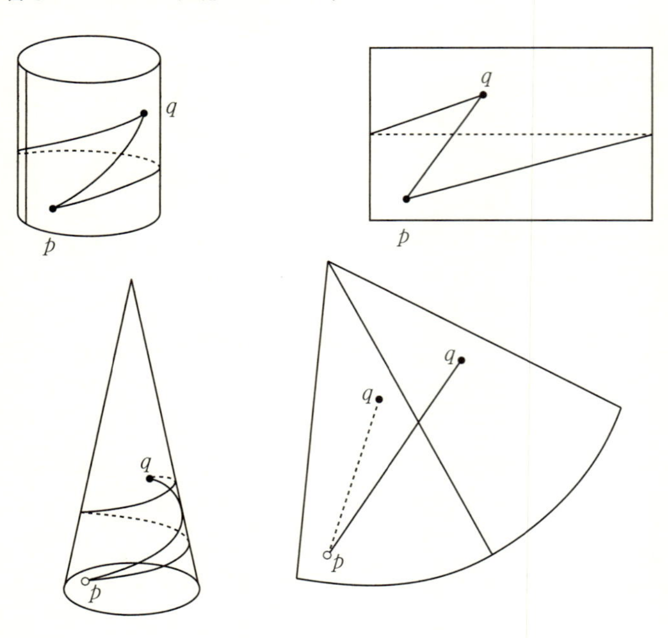

2点を結ぶ測地線は1つとは限らない。

もう一つ重要なことを付け加えます。測地線c上の点pと，それに十分近いc上の点qが与えられると，pとqを結ぶ唯一の最短線はcの弧になります。これはどんな測地線に対してもいえることですが，どのくらい近いことが「十分近い」ことなのかは考える空間により違ってくるので，ここでは深入りしないことにします。

測地線はその上の2点の最短線になるとは限らないが，「十分近い」2点ならば最短線になる。

球面S^2（地球）の測地線は大円でした。もちろんS^2の2点p, qを通る大円のうち，短い方の円弧が最短線になりますが，長い方も測地線であることに変わりはありません。この場合，「十分近い」とは，開半球の内部に入っている2点ということになります。

qがpの対点，つまりS^2の中心に対して対称の位置にあるときは最短線が無数にあることになります。このように，2点を結ぶ最短線も1つと限らずたくさん存在することがあるので注意しましょう。

2点を結ぶ最短線は1つとは限らない。

とはいいながら，2点を結ぶ測地線が1つしかない空間も存在します。ユークリッド空間はその例です。このような空間は9.4節に現れます。

第3章 非ユークリッド幾何からさまざまな幾何へ

ここでは曲がった空間の幾何である非ユークリッド幾何の典型例をあげます。球面S^2は見るからに曲がっていますが，曲がって見えなくても曲がった空間である双曲平面H^2を紹介しましょう。

3-1 球面と双曲平面

曲面Mの上の曲線$\boldsymbol{c}(t)$の長さは，接ベクトル$\dot{\boldsymbol{c}}(t)$の長さ$\left|\dot{\boldsymbol{c}}(t)\right|$の積分(1.9)で与えられました。$\left|\dot{\boldsymbol{c}}(t)\right|$が決まればよいので，$M$の各$\boldsymbol{c}(t)$における接平面に，1.4節で述べた内積があれば，曲線の長さが求まることなります。Mの点pにおける接平面とは，pから発し，Mに接するすべてのベクトルの

$\dot{\boldsymbol{c}}(t)$
$\boldsymbol{c}(t)$をtで1階微分したもの。シー・ドット・ティーと読みます。

(1.9)
$$L(\boldsymbol{c}) = \int_a^b \left|\frac{d\boldsymbol{c}(t)}{dt}\right| dt = \int_a^b \left|\dot{\boldsymbol{c}}(t)\right| dt$$

集まりのことです。

次にMがE^3の曲面であることを忘れて，曲面Mとして，上半平面$H^2=\{(x, y)\in\mathbb{R}^2 | y>0\}$を考えます。ただし，$H^2$の点$p=(x, y)$から発する2つのベクトル$X$, Yの内積を，ユークリッド内積ではなく，

$$g_{\text{hyp}}(X,Y)=\langle X,Y\rangle_{\text{hyp}}=\frac{\langle X,Y\rangle}{y^2} \tag{3.1}$$

で定めます。つまり，ベクトルの始点(x, y)の位置により，内積は変わります。これが1.4節で述べた内積の条件をみたしていることは簡単にチェックできると思います。分母にy^2があるので，x軸$(y=0)$に近づくほど内積は大きくなります。

このように，各接空間に与えられた内積のことを**リーマン計量**といいます。特にg_{hyp}を**双曲計量**といいます。

各点にこのような内積を定めると，H^2の曲線$\boldsymbol{c}$の長さは

$$L(\boldsymbol{c})=\int_a^b\sqrt{\left\langle\frac{d\boldsymbol{c}}{dt},\frac{d\boldsymbol{c}}{dt}\right\rangle_{\text{hyp}}}\,dt=\int_a^b\left|\frac{d\boldsymbol{c}}{dt}\right|_{\text{hyp}}dt \tag{3.2}$$

で与えられます。長さの定義(1.9)で出てきた通常の内積$\langle\ ,\ \rangle$

$(x, y)\in\mathbb{R}^2$

$(x, y)\in\mathbb{R}^2$とは，「$x\in\mathbb{R}$かつ$y\in\mathbb{R}$」ということです。

g_{hyp}

hyperbolic（双曲線の）の頭3文字より。

内積の3条件

N1. $\langle \boldsymbol{u}, \boldsymbol{v}\rangle=\langle \boldsymbol{v}, \boldsymbol{u}\rangle$：対称性

N2. $\langle a\boldsymbol{u}_1+b\boldsymbol{u}_2, \boldsymbol{v}\rangle=a\langle \boldsymbol{u}_1, \boldsymbol{v}\rangle+b\langle \boldsymbol{u}_2, \boldsymbol{v}\rangle$, $a, b\in\mathbb{R}$：線形性

N3. $\langle \boldsymbol{u}, \boldsymbol{u}\rangle>0$, $\boldsymbol{u}\neq 0$：正値性

を$\langle\ ,\ \rangle_{\mathrm{hyp}}$に換えて，ノルム$\left|\dfrac{dc}{dt}\right|$を$\left|\dfrac{dc}{dt}\right|_{\mathrm{hyp}}$に換えただけです。$x$軸に近づくほど内積は大きくなっていくので，$x$軸に向かって伸びていく曲線の長さは無限大になることが想像できるでしょう。

さて，この長さに関して測地線の方程式を解くと，H^2の測地線が得られます。答えをいうと，測地線はx軸に直交する半円弧または半直線になります。この空間(H^2, g_{hyp})を**双曲平面**とよびます。舞台は上半平面ですが，与えられた内積がユークリッド内積ではないので，これは曲がった空間です。

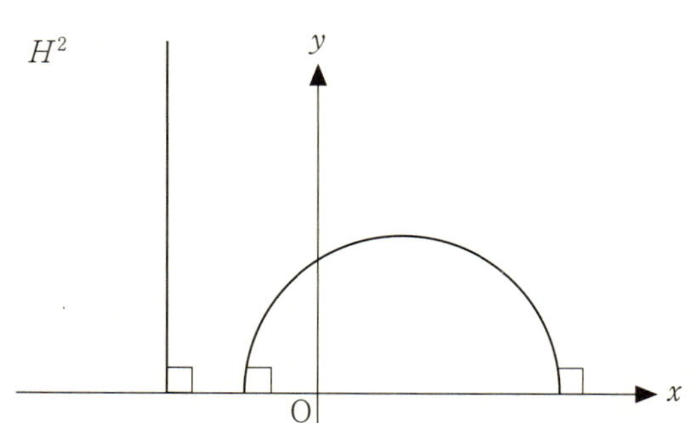

3-2 非ユークリッド幾何学

さてここでユークリッドの第5公理を思い出しましょう。

ユークリッドの公理

第1公理：任意の1点から他の1点に対して直線が引ける。

第2公理：有限の直線を連続的にまっすぐ延長できる。

第3公理：任意の中心と半径で円が描ける。

第4公理：すべての直角は互いに等しい。

直線lが与えられたとき，l上にない点pを通り，lと交わらない直線がただ1つひける。

測地線は「曲がっていない曲線」でしたから，上の「直線」を「測地線」に置き換えて，球面S^2で同じことがいえるか考えてみます。

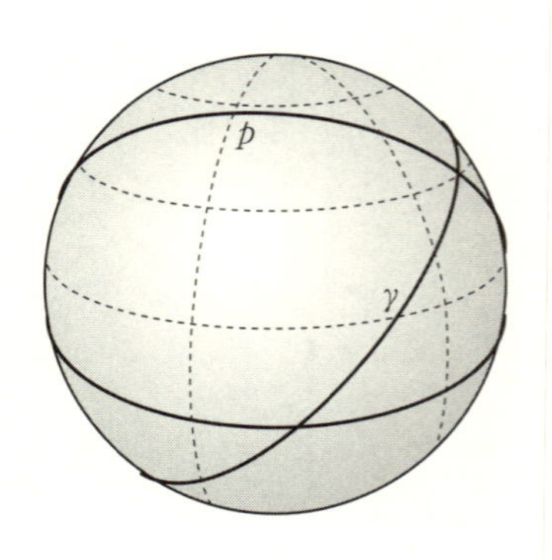

S^2の測地線は大円でした。2つの大円が必ず交わってしまうことは絵を描けばすぐにわかりますし，大円でS^2が2つの開半球に分けられてしまい，開半球の中には大円はおさまりきらないことからもすぐにわかるでしょう。したがって，上の公理は成り立たず，いえることは

大円
球を，中心を通る平面で切ったときにできる切り口の円。

S^2の測地線γが与えられたとき，γ上にない点pを通り，γと交わらない測地線は存在しない

になります。

では双曲平面H^2ではどうなるでしょうか？

双曲平面の測地線はx軸と直交する半円弧，または半直線でした。すると，例えば半円弧γの上にない点pを通り，γと交わらない半円弧（半直線を含む）が無数ひけることがわかると思います。したがって

H^2の測地線γが与えられたとき，γ上にない点pを通り，γと交わらない測地線は無数に存在する。

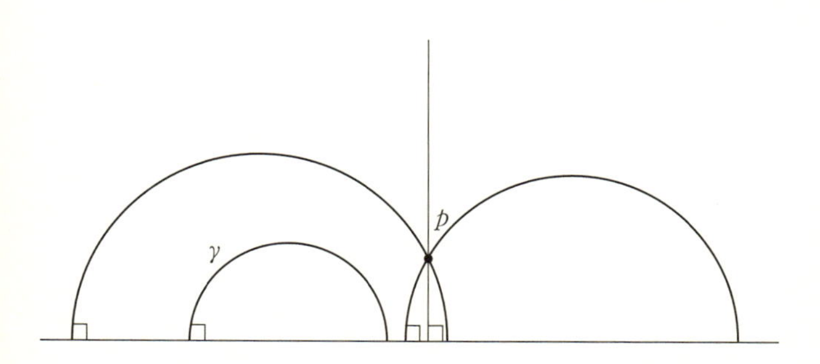

ユークリッドの第5公理が他の公理と独立なことは，上の

双曲平面（H^2, g_{hyp}）
$H^2=\{(x, y)\in\mathbb{R}^2 \mid y>0\}$　（→P60）

ような空間が存在する（他の公理はみたしながら）ことから証明されます。第5公理をみたさない幾何を**非ユークリッド幾何**といいます。

双曲平面は，ロシアのロバチェフスキー（N. I. Lobachevsky）とハンガリーのボヤイ（J. Bolyai）によってほぼ同じ頃(1830年頃）独立に発見されました。H^2のタイプの非ユークリッド幾何を**双曲型非ユークリッド幾何**とよびます。S^2のタイプの非ユークリッド幾何は**楕円型非ユークリッド幾何**といいます。

ここでは2次元の世界しか扱いませんでしたが，例えば

$$S^n = \{\boldsymbol{x} \in E^{n+1} \mid |\boldsymbol{x}| = 1\}$$

として，その各接空間にユークリッド内積を入れたものを，n次元の球面といいます。また

$$H^n = \{(\boldsymbol{x}, y) \in \mathbb{R}^{n-1} \times \mathbb{R} \mid y > 0\}$$

として，$(\boldsymbol{x}, y)$における接ベクトル$X, Y \in \mathbb{R}^n$に対して内積を

$$\langle X, Y \rangle_{\mathrm{hyp}} = \frac{\langle X, Y \rangle}{y^2}$$

で決めればn次元の双曲空間を考えることができます。

測地線は2次元のときと同様で，これらはそれぞれ，楕円

$H^n = \{(\boldsymbol{x}, y) \in \mathbb{R}^{n-1} \times \mathbb{R} \mid y > 0\}$

$\boldsymbol{x} \in \mathbb{R}^{n-1}$, $y \in \mathbb{R}$で$y > 0$ということです。$\boldsymbol{x}$は$(n-1)$次元のベクトル。

型，双曲型非ユークリッド空間のn次元モデルです。

3-3 三角形の内角の和

ユークリッド幾何で習う三角形の内角の和が180度という証明はどのようにしたか思い出してみましょう。

2本の平行な直線に他の直線が交わるときにできるZの字の形の上下の内角は錯角とよばれて互いに等しくなります。三角形ABCの内角の和は，Cを通り底辺ABと平行な直線を描いてこの事実を使えば，次の図からすぐに180度であることがわかります。

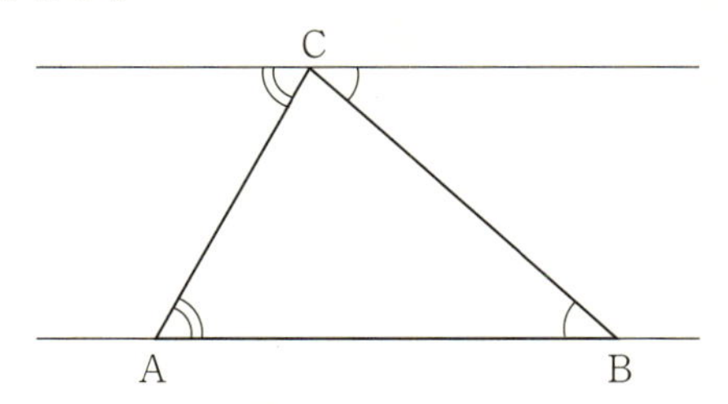

しかし非ユークリッド幾何ではこの証明は使えません。そもそも平行線がなかったり，たくさんあったりするからです。ということは，三角形（が何かも問題ですが）の内角の和は180度かどうかもわからないわけです。このことについては9.3節に詳しく書きますが，とりあえず，太った人のお腹に描いた三角形の内角の和は180度より大きそうだし，痩せた人のお腹に描いた三角形の内角の和は180度より小さそ

錯角

右の図で，aとbは対頂角，aとcは同位角，bとcは錯角の関係といいます。αとβの2本が平行のとき，同位角は等しく，錯角も等しくなります。

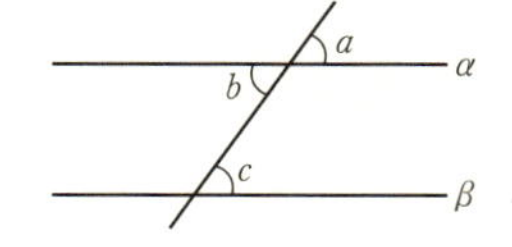

地球から切り取った三角形の内角の和は？

うだと思いませんか？

3-4 リーマン幾何学

H^2では，接平面に，内積$g_{\mathrm{hyp}}=\langle\ ,\ \rangle_{\mathrm{hyp}}$を与えて曲線の長さを測ったことを思い出しましょう。この内積をもっと自由に与えるというのは自然な発想です。そのように発展させたのはドイツの幾何学者リーマン（B. Riemann：1826-1866）です。リーマンは解析学や数論の世界でも著名ですが，現在微分幾何学とよばれる分野の幾何学はこのリーマンに負うところが大きく，その計量を基本にした幾何学は**リーマン幾何学**とよばれています。

1.4節で述べた，接空間に内積を入れると空間に距離が定まる，といったのはまさにこのことです。曲がった空間の各点の接空間に内積を入れると，各点で曲線の接ベクトルの長さが計算できます。(3.2)のようにこれを積分することによって曲線の長さが計算できます。曲線の長さが計算できると，

2点間の距離を，その2点を結ぶ
あらゆる曲線の長さの下限と定める

ことにより，空間は距離空間となります。下限とは最小値のようなものですが，ここでは深入りしません。

(3.2)

$$L(c)=\int_a^b\sqrt{\left\langle\frac{dc}{dt},\frac{dc}{dt}\right\rangle_{\mathrm{hyp}}}\,dt=\int_a^b\left|\frac{dc}{dt}\right|_{\mathrm{hyp}}dt$$

一般的にまとめると，

❶ 複雑な空間Mも，点の周りのごく小さい部分は，Mに接するベクトルからなる平らな接空間を身代わりにできる。
❷ 点ごとに接空間に内積を入れる。これを**リーマン計量**という。
❸ M上の曲線$\boldsymbol{c}$に対して，各点における接ベクトルの長さをこのリーマン計量で測り，これを積分して$\boldsymbol{c}$の長さを測る。
❹ 2点を結ぶ曲線の長さの下限として，2点間の距離を定義する。

この操作を経て，多様体はリーマン多様体とよばれる距離空間になります。**距離空間**というのはもちろん，2点間の距離が定まるユークリッド空間の一般化です。するとこの曲がった空間の上で，最短線や測地線を見つけたり，面積や体積を測ったり，平らな空間ですることと同様なことができるのです。

この計量は座標の取り方によらないように，つまり，別の座標で測っても同じになるように与えます。また，点の動きに伴い，計量の動きは滑らかであることが必要です。

賢明な読者は，「はたしてそのような内積や計量は存在するのか？」という疑問をお持ちになるでしょう。もちろんある程度の条件は必要ですが，よほど病的な空間でなければその存在も証明することができますので，ご安心ください。むしろ山のように存在するリーマン計量の中から，どのような計量を選ぶとその空間がよくわかるか，ということがのちに問題になってきます。

3-5 ミンコフスキー空間

内積の条件

$$\text{N3. } \langle \boldsymbol{u}, \boldsymbol{u} \rangle > 0,\ \boldsymbol{u} \neq 0$$

ではベクトルの長さを正としていますが，負の長さを考える場合があります。

相対性理論というのは前世紀にアインシュタインが打ち立てた宇宙を理解するための数理物理の体系ですが，ここでは時空とよばれる時間と空間を合わせた4次元の線形空間が現れます。

つまり，E^3に時間パラメーターtを足して，$\mathbb{R}^4_1$という線形空間

$$\mathbb{R}^4_1 = \{(x, y, z, t) \mid x, y, z, t \in \mathbb{R}\}$$

を考え，

$$\text{ベクトル } X = (x_1, y_1, z_1, t_1),\ Y = (x_2, y_2, z_2, t_2)$$

$\mathbb{R}^4_1$の読み方

「アール・フォー・ワン」または「アール41」，などと読みます。

に対して擬内積

$$\langle \boldsymbol{X}, \boldsymbol{Y} \rangle_1 = x_1x_2 + y_1y_2 + z_1z_2 - t_1t_2$$

を入れるのです。擬内積というのは，内積の条件N1, N2はみたしますが，3番目の条件N3をゆるめたもののことです。t_1t_2の符号がマイナスなので，例えば$\boldsymbol{T}=(0, 0, 0, 1)$に対して，擬ノルムは

$$\langle \boldsymbol{T}, \boldsymbol{T} \rangle_1 = -1$$

となり，$\boldsymbol{T}$はマイナスの長さをもちます。このように「長さ」が負のベクトルを**時間ベクトル**といいます。これに対して「長さ」が正のベクトルを**空間ベクトル**といいます。

またユークリッドノルム$|\boldsymbol{u}|=1$をもつベクトル$\boldsymbol{u} \in E^3$を$\mathbb{R}^4_1$の元$\boldsymbol{U}=(\boldsymbol{u}, 0)$と思えば，$\boldsymbol{U}+\boldsymbol{T}=(\boldsymbol{u}, 1)$に対して

$$\langle \boldsymbol{U}+\boldsymbol{T}, \boldsymbol{U}+\boldsymbol{T} \rangle_1 = |\boldsymbol{u}|^2 - 1 = 0$$

となります。このように「長さ」が0のベクトルを**光的ベクトル**といいます。

光的ベクトル全体は**光円錐**とよばれ，

$$L = \{(x_1, x_2, x_3, t) \mid {x_1}^2 + {x_2}^2 + {x_3}^2 = t^2\}$$

と表される円錐面です。この内側$({x_1}^2 + {x_2}^2 + {x_3}^2 < t^2)$は時間

ベクトルからなり，外側($x_1{}^2+x_2{}^2+x_3{}^2>t^2$)が空間ベクトルからなることは下図からもわかります。

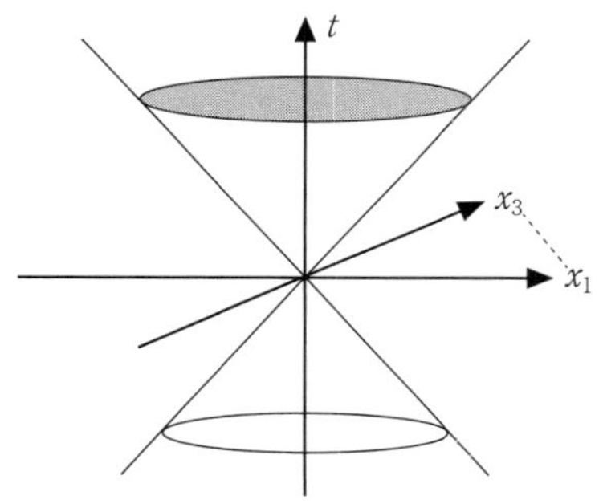

1905年，アインシュタインが特殊相対性理論を論じた空間は，1907年，ベクトルの長さが正とは限らないこの**ミンコフスキー空間**の導入で平易に理解されることがわかりました。元をたどれば，リーマン計量の概念がこうした宇宙数理を解明する舞台を与えたのです。

ミンコフスキー空間は8.2節で述べる双曲面の定義にも現れますので覚えておいてください。

ミンコフスキー空間

つまり，ミンコフスキー空間とは，4次元の線形空間$\mathbb{R}^4_1$に擬内積を入れた空間です。

第4章　曲面の位相

少し計算が続きましたので，この章では，いったん曲面の曲がり方を忘れ，位相の性質を述べることにしましょう。気楽に読んでください。

4-1 連続変形

連続変形で変わらない図形の性質を調べる幾何学を位相幾何学といいます。位相＝トポロジーともいいます。

連続変形とは，ハサミで切ったり，のりで貼ったりはできませんが，曲げ伸ばしは自由にしてよい変形です。長さや曲がり方は問題にしません。

図形AとBがあるとき，AがBに連続的に変形されると

トポロジー
topology

き，AはBとホモトピックである，といいます。例えば円板は中心点に連続的に縮められますから，1点とホモトピックです。

これに対して，AがBに連続的に変形でき，さらにBもAに連続的に変形できるとき，AとBは**互いに同相である**といいます。「互いに」ですから，上の例のように片方が1点につぶれてしまったりということはないわけです。

「コーヒーカップとドーナツは同じ」という話をきいたことがあるかと思います。これは「同相」の例で，コーヒーカップの取っ手に対応するのが，ドーナツの輪の部分です。

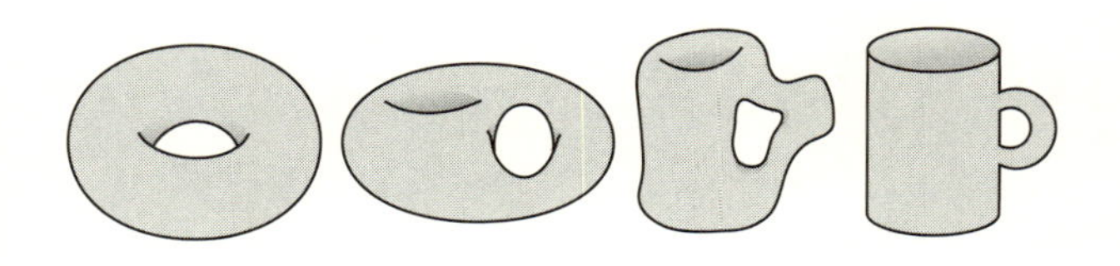

「同相」の考え方で分類しますと，1次元の空間，つまり曲線（端点のないもの）は2種類しかないという結論になります。閉じた曲線（閉曲線）と閉じていない曲線（開曲線）です。閉曲線は円周S^1と同相です。開曲線は数直線$\mathbb{R}$と同相です。どんな曲線もこのどちらかと同相ですが，円周を数直

ホモトピック
homotopic

線に連続変形することは決してできません。

他方，ホモトピーで分類しますと，開曲線は1点にホモトピック，つまり自分自身の中で1点に縮められます。閉曲線ではどうやってもそうはできません。この場合，閉曲線の外の世界は考えませんので，閉曲線の中でそれを1点につぶすことはできません。

位相不変量とよばれる不変量には，ホモトピーで変わらない**ホモトピー不変量**と，同相で変わらない不変量があります。

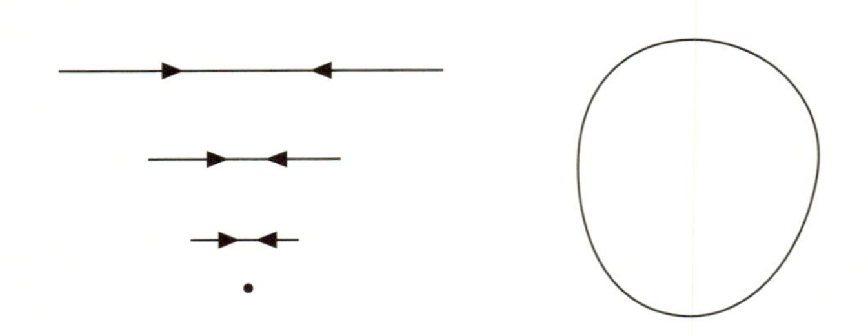

以下，2次元の空間，つまり曲面の位相的分類を目標として簡単なことから議論を始めましょう。

4-2 単体分割とオイラー数

穴のあいていない多面体Pについて，頂点の数をv，辺の数をe，面の数をfとして，Pのオイラー数を$\chi(P)=v-e+f$で定義すると

オイラー数$\chi(P)$
χはカイと読みます。ギリシャ文字カイの小文字で，アルファベットのxに相当します。

頂点の数をv，辺の数をe，面の数をf
英語で頂点はvertex，辺はedge，面はface。それぞれの頭文字より。

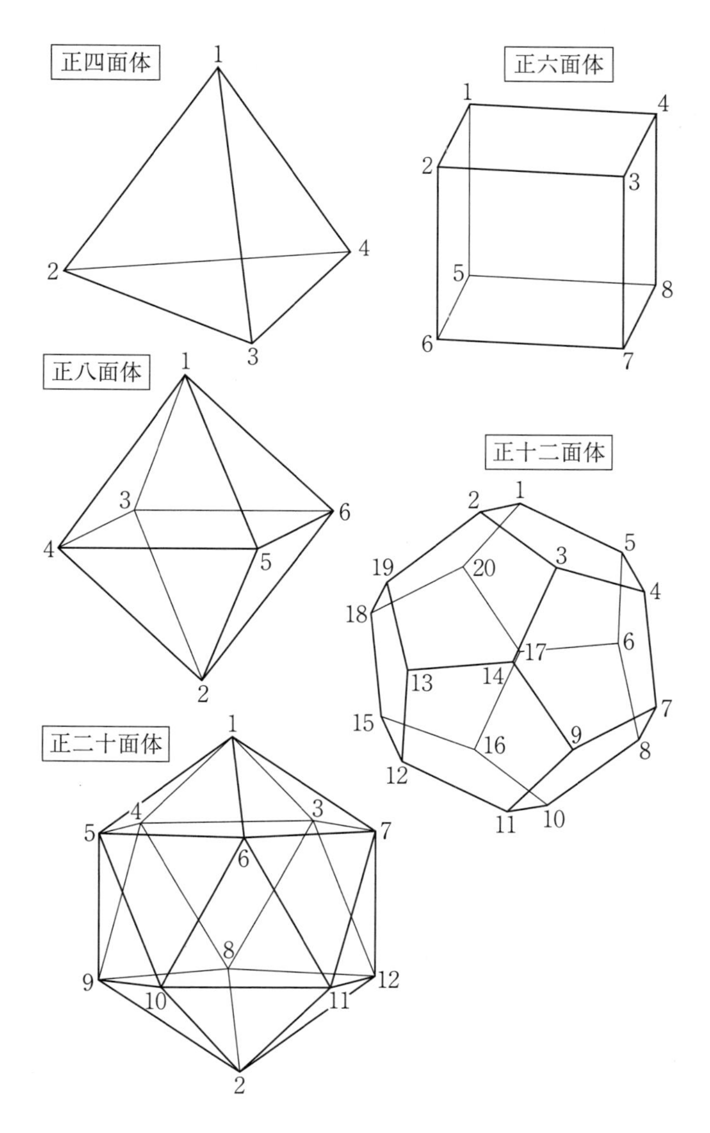
正四面体
1
2
3
4
正六面体
1
2
3
4
5
6
7
8
正八面体
1
2
3
4
5
6
正十二面体
1
2
3
4
5
6
7
8
9
10
11
12
13
14
15
16
17
18
19
20
正二十面体
1
2
3
4
5
6
7
8
9
10
11
12

オイラーの多面体定理　$\chi(P)=2$

が成り立ちます。つまりこれは四面体でも八面体でも十二面体でも二十面体でもその他の多面体でもみな同じ数になるのです。

これを一般化して，図形をできるだけ簡単な形に分割して，そのオイラー数を調べてみましょう。

0次元なら点p，1次元なら線分$I=[0, 1]$，2次元なら三角形△が基本図形です。これらはそれぞれ，**0単体**，**1単体**，**2単体**とよばれ，3次元以上も考えられますが，ここでは2次元でとめておきます。

いま，多面体とは限らない2次元の図形Mを，単体（ここでは三角形）に分割して，その頂点数をv，辺の数をe，面の数をfとして，

オイラー数　$\chi(M)=v-e+f$

を定めます。これはホモトピー不変量であることが知られています。

図形が1次元の場合は$f=0$，0次元の場合は$e=f=0$として，上の式でオイラー数を定義します。すると，単体につい

正多面体

正多面体は，正四面体，正六面体，正八面体，正十二面体，正二十面体の5種類ですが，オイラーの多面体定理は任意の多面体に対して成り立ちます。

みんな，多面体の頂点や辺で遊んでいる！

ては，$\chi(p)=1$，$\chi(I)=2-1=1$，$\chi(\triangle)=3-3+1=1$で，どれも1になります。実際，線分も，三角形も1点とホモトピックなので，0単体と同じオイラー数をもつわけです。

また円周S^1については，3つの線分で分割できますから，

$$\chi(S^1)=3-3=0$$

となります。他方，円板Dは円板の中で1点に縮められますから，三角形と同じ$\chi(D)=\chi(p)=1$です。

では球面のオイラー数はどうなるでしょうか。球面の最も簡単な三角形分割は四面体をふくらませたものとして与えられますので，オイラー数は

$$\chi(S^2)=4-6+4=2$$

となります。

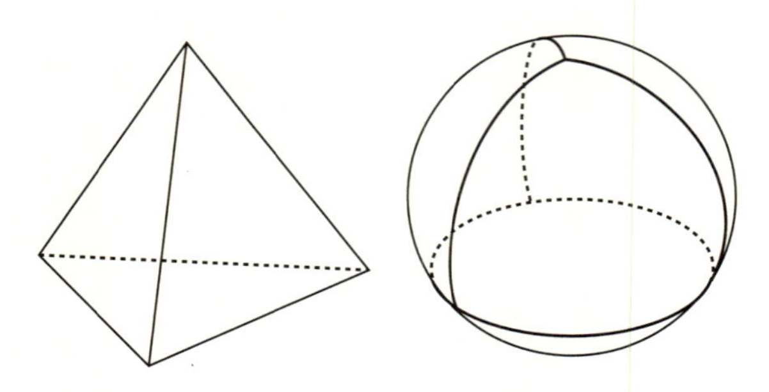

上のことから，オイラー数が異なる2つの図形は連続変形

できないこともわかるでしょう。このようにオイラー数は2つの図形をラフに分類するのに役立ちます。

4-3 曲面の三角形分割

大体様子がわかったところで，曲面の**三角形分割**を考えましょう。

ここで，曲面は

❶ 閉じているかいないか
❷ 境界があるかないか
❸ うらおもてがあるかないか

で分類できます。

以後曲面Mは境界がなく，閉じているものを考えます。つまり球面やトーラス（ドーナツの表面）のように境界がなく，どの点も遠くに飛んで行ってしまわないような曲面で，これを**閉曲面**とよぶことにします。さらにMのうらおもてが区別できるものを考えます。

Mの三角形分割とは，三角形のタイルでMをはることですが，厳密にいうと，次の性質をもつ分割です。

❶ Mの点pがあるタイルの縁の上になければ，pがのっているタイルはただ1つ。

❷ pがあるタイルの縁の上にあり，頂点ではないならば，pの属するタイルがちょうどもう1つある。
❸ pがあるタイルの頂点のときは，pを頂点とする有限個のタイル$T_1, \cdots, T_k$があり，T_jとT_{j+1}（$T_{k+1}=T_1$のこと）はただ1つの辺を共有し，pは$T_1 \cup \cdots \cup T_k$の内部にある。

例えば，円筒（側面だけを考えます）を下図のように三角形分割して，それを2つ用意し，上部どうし，下部どうし貼り合わせれば，トーラスの三角形分割が得られます。

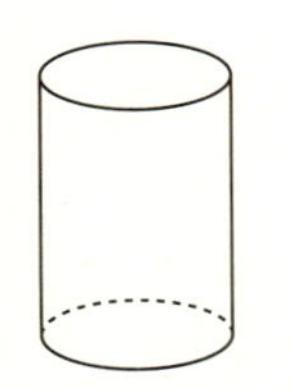
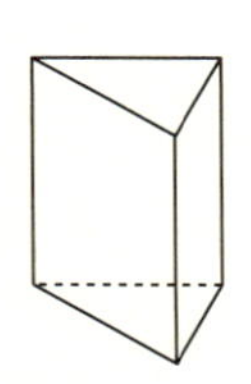
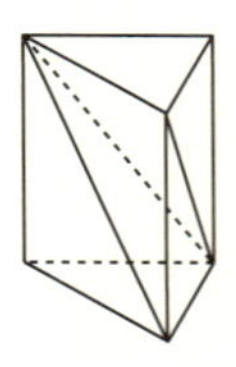
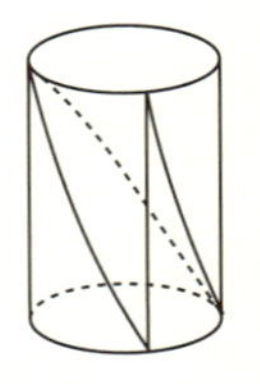

このように，閉曲面は三角形分割できることが知られています。

不思議なことは，どんな三角形分割をもってきても，したがって個々のv, e, fの値は変わっても，$v-e+f$は変わらないことです。つまり，$\chi(M)$はMの位相だけで決まる位相不変量です。

---

pは$T_1 \cup \cdots \cup T_k$の内部にある
$\cup$は和集合を表す記号。pは，これらの三角形を合わせた集合の内部にある。

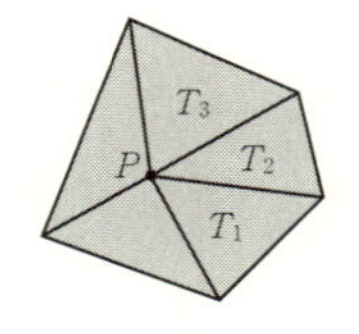

閉曲面のオイラー数は，曲面の分類に現れる**種数**というものと関係しています（4.5節）。曲面の分類は古くから知られていて，大変わかりやすいので次節に詳しく述べます。

4-4 曲面の位相的分類と連結和

ここでは境界がなくうらおもてのある閉曲面を考えます。結論からいいますと，このような曲面は

$$S^2,\ T^2,\ \Sigma_g\ (g \geq 2)$$

で尽くされます。T^2はトーラス，Σ_gはg人用の浮き輪の表面です。

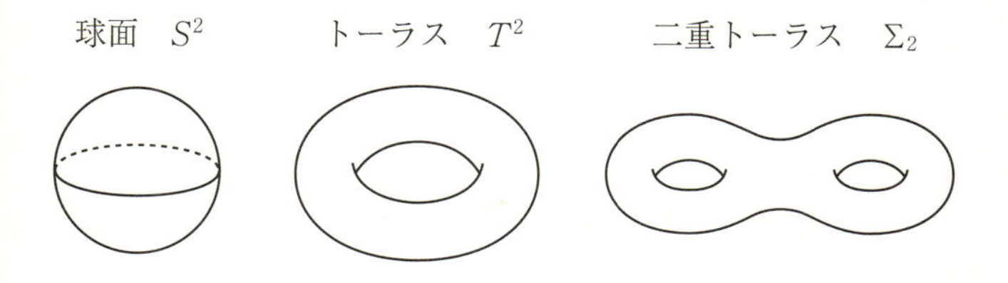

このとき，あいている穴の数を**種数**といい，gで表します。したがって球面の種数は0，トーラスの種数は1，そしてg人用の浮き輪の種数はgです。

分類の考え方を述べるため，連結和を定義しましょう。

まず2つの曲面Σ, Σ'を考えます。各々から円板を取り去ります。それぞれにあいた穴を円筒でつなぎます。この操作を**連結和をとる**といい，できた曲面を

$$\Sigma\#\Sigma'$$

と書きます。

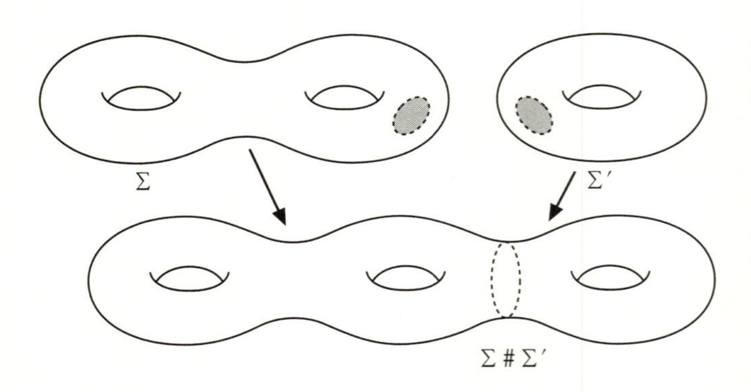

S^2との連結和を**自明な連結和**といいます。この場合，くっつけた部分は円筒にキャップをした形ですから，元の曲面に連続変形できるからです。

逆に1つの曲面Σを2つの曲面に連結和分解することも考えられます。

Σに首のように見える部分があって，それをちょん切ってできる2つの穴をそれぞれ円板でふさぐと，元とは違う曲面

になります。2つの曲面に分かれることもあれば，分かれないこともあります。

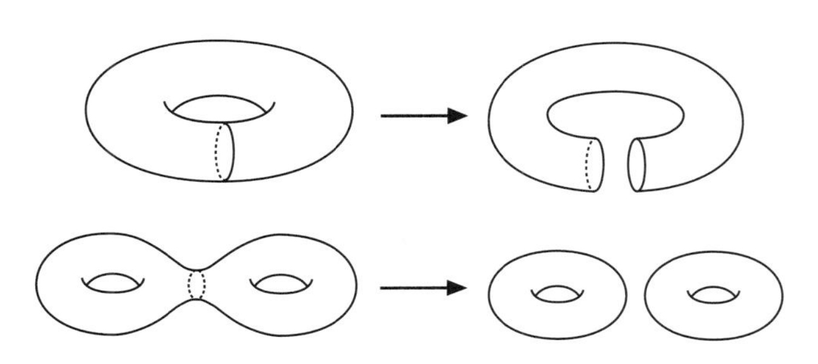

ちなみにこの連結和という用語は車両の連結，と同じような意味です。

これとは別に**空間が連結**というのは，空間がつながっている，という意味です。

MがS^2ではなく，かつどんな連結和分解も自明になるとき，Mを**素**であるといいます。整数論の素数のようにこれが分類の基本になります。

閉曲面の中で素なものがT^2に限られることは直感的にわかるでしょう。穴が2つ以上あれば自明でない連結和分解がありますから。

さて，閉曲面Mをいくつかの連結和に分解して，

$$M = M_1 \# M_2 \# \cdots \# M_k$$

になったとします。各M_iは素としてよいでしょう。実際，もし素でないなら，さらに非自明な連結和分解ができますから，これを繰り返せばいつかはすべて素なものに分解されるからです。結局いえたことは，うらおもてのある閉曲面は，

$$S^2,\ T^2,\ T^2 \# T^2 \# \cdots \# T^2\ (g\text{個の連結和},\ g \geq 2)$$

で尽くされるということです。

これがうらおもてのある閉曲面の分類結果です。とても単純でわかりやすい結論です。

4-5 オイラー数と種数 I

最後にオイラー数と種数の関係

$$\chi(\Sigma_g) = 2(1-g) \tag{4.1}$$

を説明しましょう。ここにΣ_gはうらおもてのある種数gの閉曲面，特に$\Sigma_0 = S^2$，$\Sigma_1 = T^2$です。

上で述べたように，トーラスとの連結和をとることが種数を1つ増やすことですが，これは元の曲面にハンドルを1つ付けることと同じです。

Mから三角形を2つ取り除いて，三角柱（側面だけ考えます）でこの穴をつないだ曲面を$\widetilde{M}$と書きましょう。三角柱

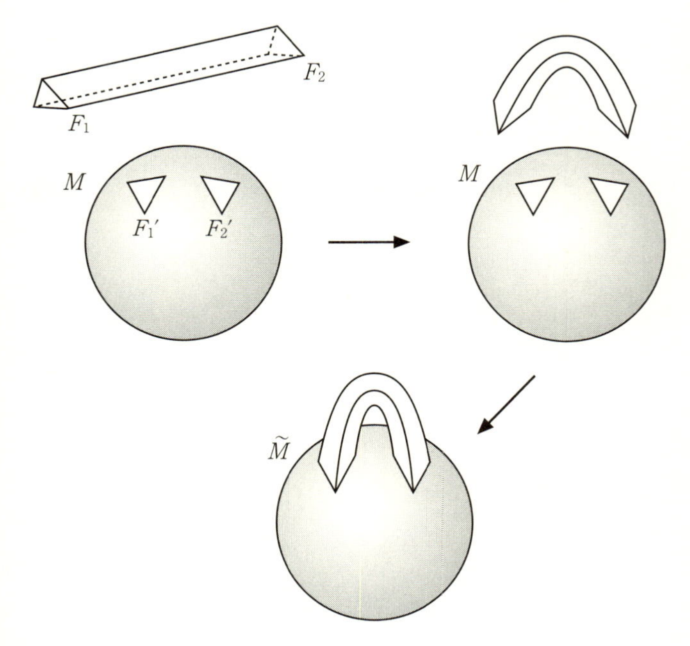

の三角形分割は，側面の長方形を斜めに辺でつなげば，$v=6$，$e=12$，$f=6$です。Mから三角形を2つ取り除くと，頂点は6，辺は6，面は2減り，これに三角柱をはりつけますと，頂点は6，辺は12，面は6増えますから，元の曲面Mのオイラー数と比べて，

$$\chi(\widetilde{M})=\chi(M)-(6-6+2)+(6-12+6)=\chi(M)-2$$

となり，種数が1つ増えるとオイラー数は2減ることがわかります。このことと，球面のオイラー数が2であることから，種数gの閉曲面Σ_gのオイラー数は

$$\chi(\Sigma_g) = 2(1-g) \tag{4.2}$$

であることがわかります。

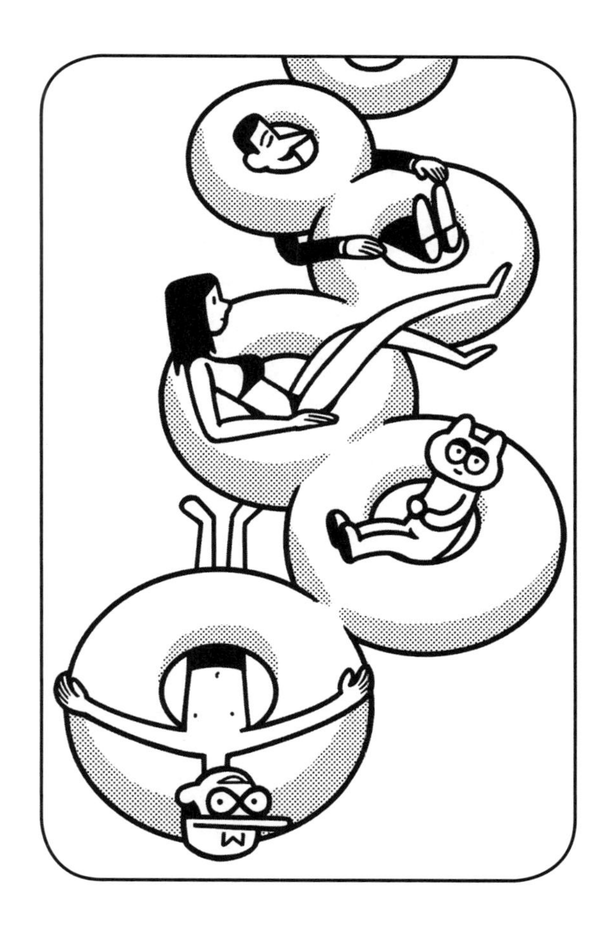

浮き輪ってトーラスなの!?

第5章 うらおもてのない曲面

前章では曲面にうらおもてがあることを仮定していました。では，うらおもてのない曲面にはどのようなものがあるのでしょうか。

5-1 うらおもてのない曲面

うらおもてのない曲面の身近な例はメビウスの帯とよばれる，細長い紙を1回ひねって貼り合わせてできる帯で，これを2色に塗り分けることはできません。

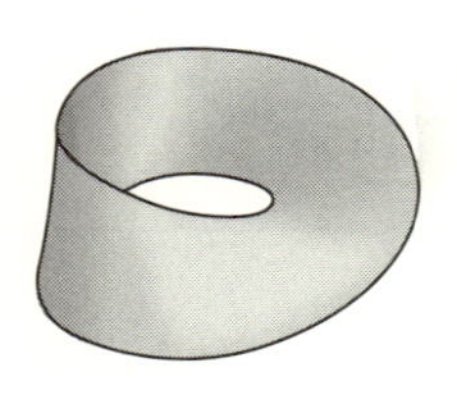

実は，うらおもてのない曲面Mは**2重被覆**というものをとって，うらおもてのある曲面にすることができます。

実際，Mにうらおもてがないとき，ある点pからMに色を塗っていくと，その点の裏側の点qも同じ色で塗られてしまいます。そこで，曲面を薄く2枚に剝（は）がし，剝がされた内側を新たな曲面の裏面であると考えれば，そこを別の色で塗ることができるわけです。つまり薄く剝がされた曲面$\widetilde{M}$はうらおもてのある曲面となります。このとき薄く剝がしても2枚バラバラにはならず1枚の曲面のままです。それはpとqが同じ色でつながっていたように，Mのどの2点も，もともと同じ色でつながっていましたから，薄く剝がしてもバラバラになることはないのです。メビウスの帯で実験してみると納得できますので，ぜひやってみてください。

もともとMではp, qは区別できませんでしたが，$\widetilde{M}$の点としては区別できます。Mの各点でこのことがいえますから，$\widetilde{M}$はMを2重にカバーしていることになり，$\widetilde{M}$をMの2重被覆というのです。

別の観点からメビウスの帯の場合の2重被覆を模式図で説明してみましょう。長方形の左右を反対向きに同一視したものがメビウスの帯なので，これを2枚用意して，横につなぎ合わせれば，次ページの図のように円筒と同じになります。つまりメビウスの帯は，うらおもてのある円筒で2重に被覆されるということです。

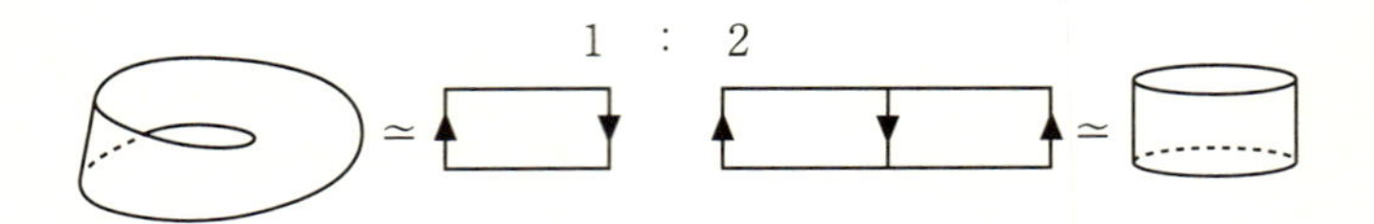

いずれにせよ，うらおもてのない曲面の親玉として，うらおもてのある曲面があるので，その分類ができればよいわけです。

次に，境界がある閉曲面は，自分自身と同じものを2枚用意して境界に沿って貼り合わせれば，境界のない閉曲面にできます。

結局，うらおもてのある境界のない閉曲面が親玉になるので，これを分類することが基本になり，4.4節の結論が基本となります。

5-2 うらおもてのない閉曲面の分類*

ではここで，うらおもてのない閉曲面の分類を述べましょう。スキップしていただいてもかまいませんが，意外に簡単なことです。

うらおもてのない閉曲面の分類*
見出しに*がついていますので，少し難しい節です。最初はとばしてもかまいません。

メビウスの帯には境界があります。うらおもてがなく，境界もない閉曲面でもっとも単純なものは射影平面$\mathbb{R}P^2$です。これは2次元球面の対点を同一視して得られ，下図のように表せます。逆にいえば，射影平面の2重被覆は球面です。

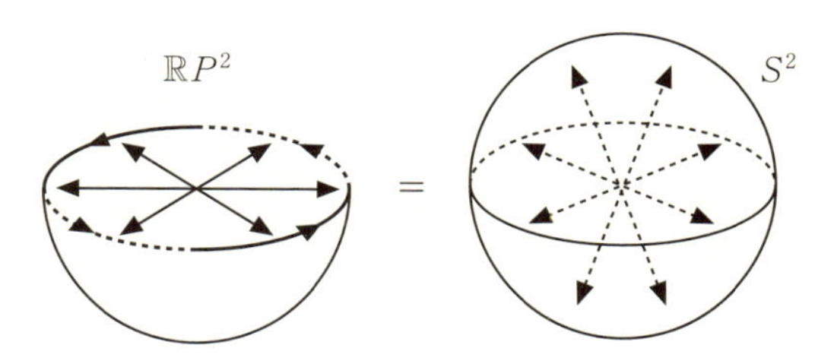

また，射影平面は，円板の縁に沿ってメビウスの帯を貼り合わせたものになっています。メビウスの帯も境界は円周S^1ですから，自己交叉を許せばこれが可能です。これは円板にクロスキャップをかぶせる，とも表現されます。

次に，メビウスの帯2枚を境界に沿って貼り合わせると，クライン（Klein）の壺（つぼ）という不思議な壺になります。これをK^2で表します。射影平面から円板を取り去るとメビウスの帯ですから，K^2は射影平面2つの連結和であるともいえます。

うらおもてのない曲面でも種数を定義できて，射影平面は種数1，クラインの壺は種数2，つまり射影平面を連結する個数が種数となります。

射影平面$\mathbb{R}P^2$

$\mathbb{R}P^2$は，アール・ピー・ツーと読みます。

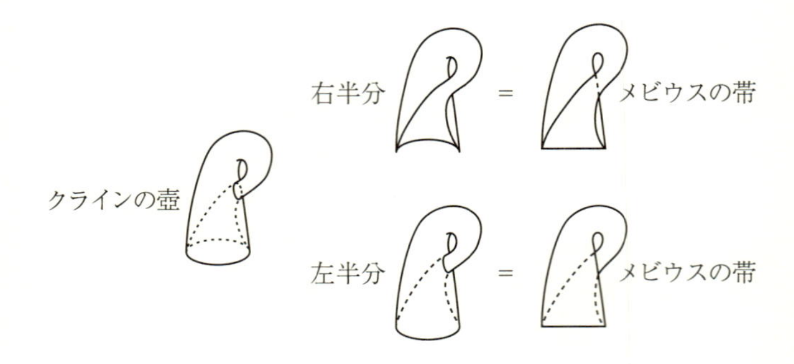

結論として，任意のうらおもてのない閉曲面は

$$\Xi_g = \mathbb{R}P^2 \# \mathbb{R}P^2 \# \cdots \# \mathbb{R}P^2 \quad (g\text{個の連結和})$$

で与えられます。さらにこれはgが偶数，奇数に応じて

$$\Xi_{2k} = K^2 \# K^2 \# \cdots \# K^2 \quad (\text{クラインの壺の}k\text{個の連結和})$$

$$\Xi_{2k+1} = \mathbb{R}P^2 \# K^2 \# K^2 \# \cdots \# K^2 \quad (\text{クラインの壺は}k\text{個})$$

と表せます。

以上がうらおもてのない閉曲面の分類のすべてです。意外と単純ですね。$\mathbb{R}P^2$との連結和をとるたびに種数が1増え，また，$K^2 = \mathbb{R}P^2 \# \mathbb{R}P^2$との連結和をとると種数は2増えますから，2番目の書き方になります。

Ξ

Ξはクシーと読みます。ギリシャ文字のクシーの大文字です。

実はMにうらおもてがないとき，

$$M\#T^2 = M\#K^2$$

が成り立ちます。これを説明しましょう。トーラスとの連結和をとることは，Mにハンドルをつけることと同じでした(4.5節)。Mから2つの円板D_1, D_2を取り除いてハンドルをつけるとき，Mにはうらおもてがないので，D_2をMに沿って動かしていって，D_1と重ねるとき，境界∂D_2の向きが，∂D_1とちょうど逆向きとなるようにできます。そこで向きを揃えてハンドルを貼り合わせると，クラインの壺が1つくっつく形になるというわけです。頭をひねって考えてみてください。

5-3 オイラー数と種数 II

最後にもう一度，うらおもてのないときも含めて，オイラー数と曲面の種数gとの関係を述べておきます。

$$\begin{cases} \chi(\Sigma_g) = 2(1-g) & \Sigma_g \text{にうらおもてがあるとき} \\ \chi(\Xi_g) = 2-g & \Xi_g \text{にうらおもてがないとき} \end{cases} \tag{5.1}$$

三角形分割されたうらおもてのない閉曲面の2重被覆（5.1節参照）をとると，頂点数，辺の数，面の数はいずれも倍になりますから，オイラー数も2倍になります。したがって種

∂D

∂Dの∂は，デルやディー，ラウンドと読み，偏微分の記号としても使われます。ここでは，∂Dで「Dの境界」と読みます。

$\widetilde{\Xi}$

$\widetilde{\Xi}$は，クシー・チルダまたはクシー・ティルダ，クシーなみ，などと読みます。

数gのうらおもてのない閉曲面Ξ_gの2重被覆$\widetilde{\Xi}_g$のオイラー数は

$$\chi\left(\widetilde{\Xi}_g\right)=2\chi(\Xi_g)=2(2-g)=2(1+1-g)$$

となります。つまり$\widetilde{\Xi}_g$は種数$g-1$のうらおもてのある閉曲面になります。

$\mathbb{R}P^2$（$g=1$）の2重被覆はS^2，クラインの壺（$g=2$）の2重被覆はT^2なので，上の式が確認できます。

境界のある閉曲面は，境界のない閉曲面からその一部を除いて得られますので，これで閉曲面は位相的にすべて分類されたことになります。

2次元の世界は，ここに現れたオイラー数や種数だけで分類が述べられました。3次元になりますと，話は格段に複雑になり，分類が可能になったのは2003年とまだ新しい話です。詳細は本書の域を超えますが，ポアンカレ予想という最も重要な部分を中心に第15章で触れます。

いずれにせよ，このわかりやすい曲面の分類をしっかり頭に入れておいてください。

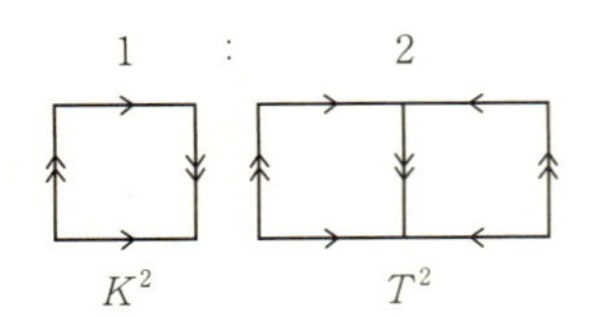

メビウスの輪からメビウスの輪へ飛び移れ！

第6章 曲がった空間を考える

6-1 そもそも曲面とは？

曲線は1つのパラメーター，例えばtで表すことができました。時間tが経過するときの質点の動きを曲線と思ってかまいません。

一方，曲面Mは各部分を2つのパラメーター(x, y)で表すことができます。ただし(x, y)で表すことのできる範囲は一般にMの一部だけです。ここが曲線との違いです。

1.1節で，どんなに複雑な空間もごく小さい部分は平らな空間を身代わりに考えられるということを述べました。2次元ならば身代わりは平面（の一部）です。平面には通常の座

標が入っています。この意味では，曲面とはごく小さな部分ごとに平面座標が入っている空間といえます。もう少しきちんといいましょう。平面の一部として仮に中心が原点，半径がrの開円板 $B_r=\left\{(x,y)\in\mathbb{R}^2 \middle| \sqrt{x^2+y^2}<r\right\}$ を考えます。

曲面Mとは，
(1) Mの各点pの周りに座標近傍とよばれる開近傍U_pがあり，U_pは，開円板 $B_r=\left\{(x,y)\in\mathbb{R}^2 \middle| \sqrt{x^2+y^2}<r\right\}(r>0)$と同相である。
(2) $M=\bigcup_{p\in M}U_p$ であり，$U_p\cap U_q$も空でなければ$\mathbb{R}^2$の開円板と同相である。

U_pはチャート＝地図ともよばれ，U_pをすべて集めたものをアトラス＝地図帳または座標近傍系といいます。同相とは，互いを他に移しあう連続写像があるということです。連続写像とはつながっているものをつながっているものに写す写像のことです。互いを他に写しあうためには，片方がつぶれてしまったりしては困るので，両方とも2次元の広がりを保っています。

このようにMは，座標を与える開円板を貼り合わせてできる空間といってよいでしょう。要するに，どの点の周りも2次元の広がりをもっている空間が曲面です。ちなみに，開円板というのは単に2次元の広がりをもっている空間の代表

開円板B_r
不等号に等号が入っていませんので，$x^2+y^2=r^2$の円周上は，B_rに含まれません。

$\bigcup_{p\in M}U_p$
$\cup$は和集合の記号です。つまり，pがMのすべての点をとるときの，すべてのU_pの和集合という意です。

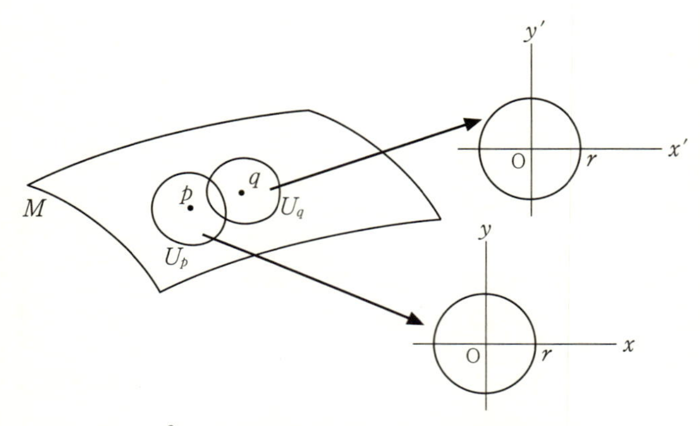

であって，$\mathbb{R}^2$の開部分集合であれば円板でなくてもよいのですが，簡単のため上のようにいっておきます。$U_p \cap U_q$は凸レンズの断面みたいに見えるかもしれませんが，ちょっと膨らませれば開円板と同一視できます。

6-2 曲面から多様体へ*

この開円板を一般次元にすると，**多様体**とよばれる曲がった空間が定義できます。せっかくですのでこれも紹介しておきますが，わかりやすさのため，ラフな定義にしておきます。

***n*次元多様体**とは，U_pをn次元のボールの中身として，それらを貼り合わせたものです。ここで，1次元ボールとは開区間のこと，2次元ボールとは開円板のこと，3次元ボール

曲面から多様化へ*

この節も見出しに＊がついていますので，
最初はとばしてもかまいません。

とは，中身の詰まったボールの内部のこと，n次元ボールは

$$B^n = \left\{ \boldsymbol{x} \in \mathbb{R}^n \,\middle|\, |\boldsymbol{x}| < 1 \right\}$$

と表されるものです。

p, qを多様体の2点とするとき，U_pの座標をU_qとの交わりの上でU_qの座標に移すことを**座標変換**といいます。座標変換が微分可能なとき，多様体は**可微分多様体**とよばれます。

1次元多様体は曲線，2次元多様体は曲面です。多様体のもつ性質とは，座標変換で変わらない性質のこと，例えば曲線の長さのようにパラメーターの取り方によらない性質のことです。

曲面には，球面やトーラスのように境界のない閉じた曲面，平面や回転放物面のように開いた曲面，また，メビウスの帯のようにうらおもてのない曲面などがあり，これらは座標の取り方によらない曲面固有の性質です。

6-3 曲面の曲がり方の導入

平面曲線や空間曲線の曲がり方は曲率κで測りました。また曲面上の曲線の曲がり方は測地的曲率ベクトル$\boldsymbol{k}_g$で測れます。

それでは曲面の曲がり方はどのように測るのでしょうか？

まず平面曲線の曲がり方を復習しましょう。曲線は速度を

一定にしておくと，接線と直交する加速度ベクトルの方向に曲がっていきます（2.2節）。

このことから，加速度ベクトルが0でなければ，曲線はその点のごく近くでは接線の片側（加速度ベクトルの側）にだけ存在することになります。曲線が接線をまたいでいたり，少しの間そこにとどまっているときには$\kappa=0$となります。

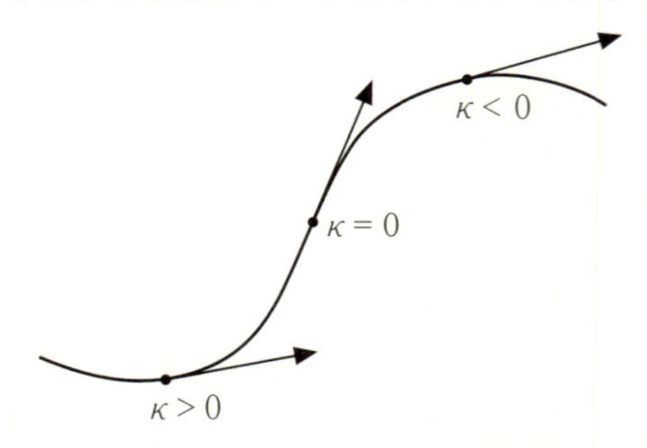

ユークリッド空間内の曲面についても接平面との位置関係で考えてみましょう。曲面の点pから発する接ベクトルをすべて集めた空間を，pにおける接平面といいました。

曲面の曲がり方は6.4節で定義するガウス曲率Kで測るのですが，ガウス曲率を定義する前に，平面曲線の曲がり方と曲率κの関係を考えたのと同様な手法で，曲面の曲がり方とガウス曲率Kの関係を説明しておきます。

ラフにいいますと，点pのごく近くで曲面が接平面の片側だけにあるときは，$K>0$となります。曲面が接平面の両側にまたがるときは$K \leq 0$となります。接平面のある直線が曲面に含まれているときなどは$K = 0$となります（厳密には後ほど示します）。

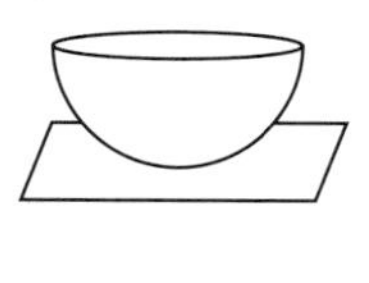

$K > 0$

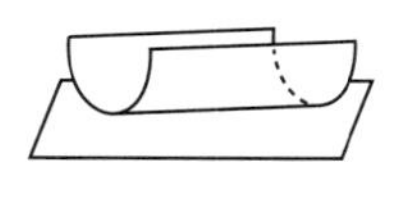

$K \geq 0$

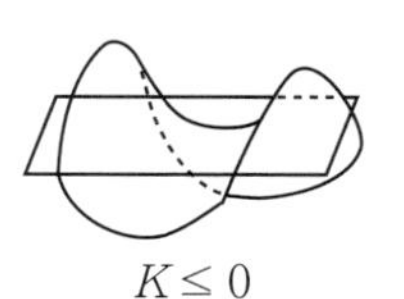

$K \leq 0$

こんなふうに考えると，ユークリッド空間の曲面の曲がり方がなんとなくわかると思います。球面や，茶筒の表面や，馬の鞍を例にあげてみましょう。

球面はどの点でも接平面の片側にあり，特に$K > 0$で一定です。どの点でも，曲面全体が接平面の片側にだけある曲面を**凸曲面**といいますが，一般の凸曲面では$K \geq 0$となります。例えば茶筒は接平面の片側にあるという意味では凸曲面ですが，円周方向と直線方向があって，直線は接平面に含まれていますので$K = 0$となります。

そして馬の鞍は方向によって曲がり方が下に向いたり上に向いたりする，つまり接平面の両側にくるので，$K \leq 0$となります。

こうすると，どんな曲面のどんな部分も，このどれかに形状は似ているので，曲がり方とKの符号の関係がわかると思います。$K(p)>0$となる点pを**楕円点**，$K(p)=0$となる点を**放物点**または**平坦点**，$K(p)<0$となる点を**双曲点**または**鞍点**（あんてん）といいます。

回転トーラスT^2を見てみましょう。どこが$K>0$で，どこが$K<0$になっているでしょうか。そうです。トーラスを輪切りにした円の外側半分は$K>0$，内側半分は$K<0$であることがわかるでしょう。そしてその境目は$K=0$となっています。$K<0$の部分は立てて考えると人がまたがる形，つまり鞍形になっています。

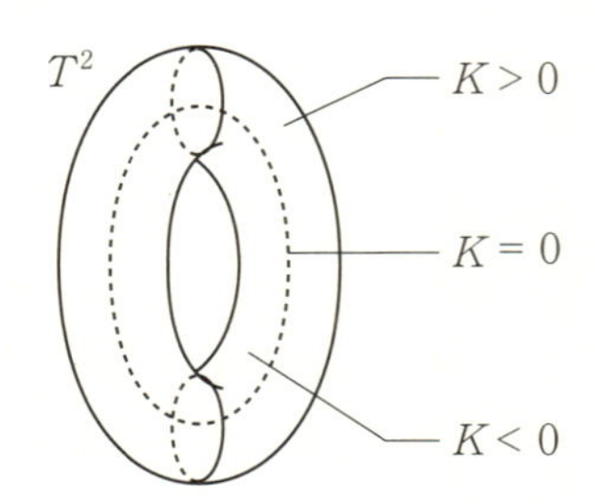

6-4 オイラーの考えたガウス曲率

曲がり方が目に見える場合，つまりユークリッド空間E^3の曲面Mの場合，曲がり方を測るガウス曲率は，古典的には次のように考えられました（オイラー，1760年）。

Mの点pを通り，Mに垂直な平面，すなわちpにおける法方向$\boldsymbol{n}$を含む平面でMをカットして得られるMの曲線を考えましょう。このような曲線を**直截線**（ちょくさいせん）といいます。これは平面曲線ですから，その曲率κは符号をもっています。

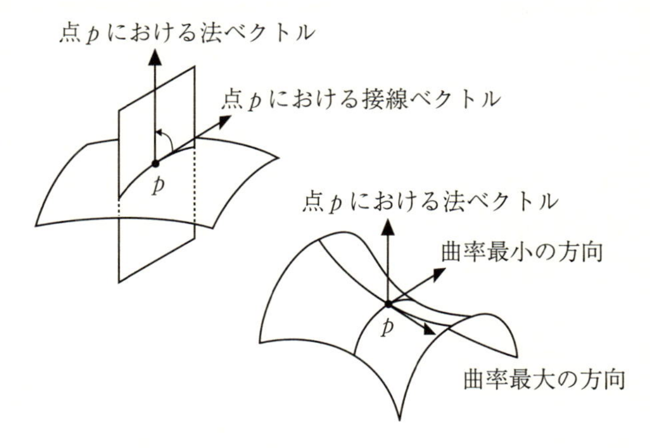

さてこの平面を$\boldsymbol{n}$を軸として，いろいろ回して直截線を比較します。すると，この直截線が点pで一番大きく曲がっている方向が見つかります。つまりκが一番大きくなっている方向です。このときの曲率をκ_1とおいて，曲面Mの主曲率といいます。場合によると，球面のようにどの方向も同じ曲がり方をしていることもありますが，そのときはκは一定になり，$\kappa_1 = \kappa$です。

この方向に直交する方向の直截線の曲率をκ_2と書いてやはり主曲率といいます。κ_1とκ_2は同じ符号のこともあれば，逆の符号や0のこともあります。

$K=\kappa_1\kappa_2$を曲面のガウス曲率という。

実は，κ_1, κ_2は7.3節で述べる2次実対称行列$\mathrm{I}^{-1}\mathrm{II}$の固有値にほかならず，これが主曲率の意味です。もう少しくだいていうと，最も曲がっている直截線の曲率κ_1と，それに直交する直截線の曲率κ_2が主曲率で，その積がガウス曲率です。

13.4節で固有値をミニマックス原理で意味づけますが，κ_1, κ_2は$\mathrm{I}^{-1}\mathrm{II}$のミニマックスを与えています。

さて，$K>0$というのは，κ_1とκ_2の符号が同じということですから，直截線の曲率κはすべて同じ符号，例えば直截線の加速度ベクトルがすべて法ベクトル$\boldsymbol{n}$の側にある，よって直截線が一斉に$\boldsymbol{n}$の側にあるとしてよいですから，曲面がpにおける接平面の片側にしか現れないことを意味しています（すべての$\kappa<0$なら$\boldsymbol{n}$の反対側に現れるということです）。いずれにしても$K>0$ならば，pのごく近くでは曲面自体が接平面の片側だけに存在することになり，前節で述べたことがうなずけます（ここではpのごく近くだけを問題にして，曲面全体が片側にある必要はありません）。

$K<0$のときはどこかで直截線の曲率κの符号が変わりますから，曲面が接平面の両側にあることになります。このときはpのまわりは鞍形になっています。

6-5 平坦な曲面と負の定曲率曲面

ガウス曲率が0，すなわち平坦な曲面は次のように分類され，**可展面**(かてんめん)とよばれます。

❶ **柱面**：平面曲線γの上に垂直線をたてて得られる曲面。

❷ **錐面**：平面曲線γの各点と平面外の点を結んで得られる曲面。

❸ **接線曲面**：空間曲線の接線の軌跡として得られる曲面。

可展面

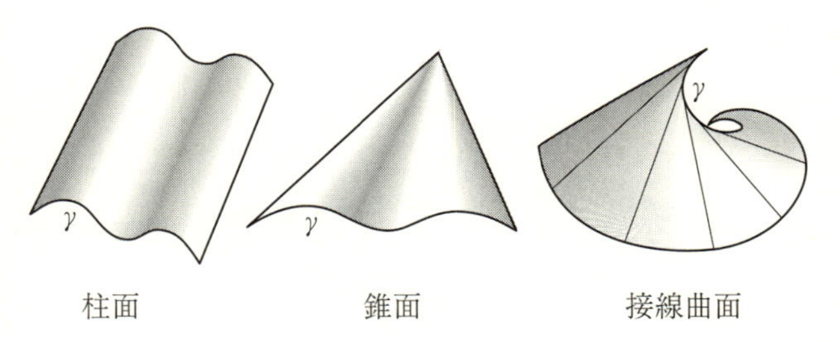

柱面　錐面　接線曲面

以上は曲面がユークリッド空間E^3の中にある場合の説明でした。しかし曲面の定義を見ると，曲面というのは，「2次元の広がりをもった空間」というだけで，別にE^3の中に入っていなくてもかまいません。実際，E^3の中にはなめらかには実現できない曲面もあるのです。双曲平面はまさにその例で，ヒルベルト（D. Hilbert）は

ヒルベルトの定理
負の定曲率をもつ完備な曲面はE^3の中では解析的には実現できない

ことを示しました。ラフないい方ですが，**解析的**とは十分なめらかなことです。また完備とは測地線がどこまでも伸ばせること（どの2点も最短線で結べることと同じ）をいいます。負の定曲率曲面を$\mathbb{R}^3$に実現すると，例えば，擬球面という尖った点のある（したがって，なめらかではない）曲面が現れます。

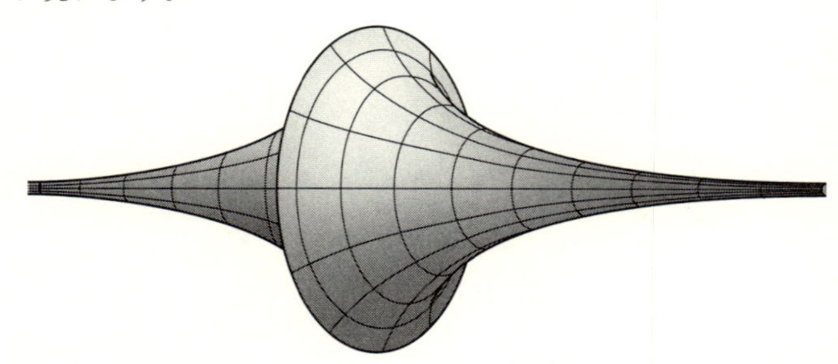

E^3の中に実現できない曲面でも，ガウス曲率は計算できる，というのがガウスの驚愕定理です。

ここが曲がった空間の世界!?

第7章 曲面の曲がり方

それではもう少し具体的に曲面の曲がり方を測ってみましょう。少し式が出てきますが，2行2列の行列を知っていれば大丈夫です。知らない人は先に第13章を読んでください。

7-1 曲面の計量と第1基本形式

曲線$\boldsymbol{c}(t)$をtでパラメーター表示したように，E^3の曲面をパラメーター表示しましょう。

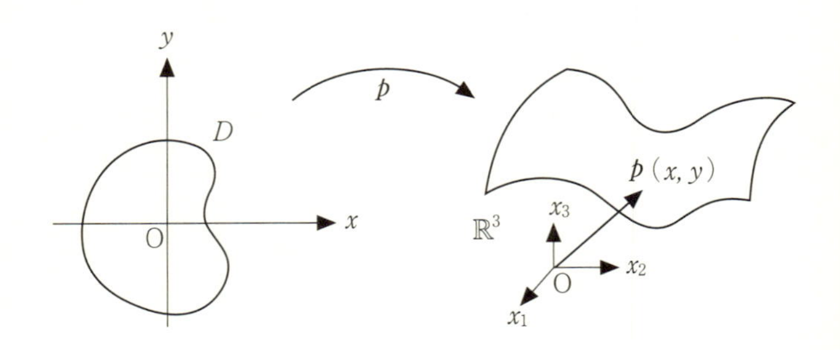

2次元領域Dから3次元ユークリッド空間E^3への写像

$$\boldsymbol{p} : D \ni (x, y) \longmapsto \boldsymbol{p}(x, y) \in E^3$$

で曲面を部分的に表します。部分的な表示なので，**曲面の局所表示**といいます。

このときyを止めて得られるx曲線の接ベクトル$\boldsymbol{p}_x$と，xを止めて得られるy曲線の接ベクトル$\boldsymbol{p}_y$

$$\boldsymbol{p}_x = \frac{\partial \boldsymbol{p}}{\partial x}, \quad \boldsymbol{p}_y = \frac{\partial \boldsymbol{p}}{\partial y}$$

が存在して互いに独立，つまり平行でないとき，$\boldsymbol{p}(D)$はE^3の曲面とよばれる2次元の広がりをもつ図形となります。Dは第1章で書いた，曲面を平らなもので置き換えてみることの一例と考えてもかまいません。

伝統的にこの2つのベクトル$\boldsymbol{p}_x, \boldsymbol{p}_y$の長さの平方とその内積を

$$E = |\boldsymbol{p}_x|^2, \quad F = \langle \boldsymbol{p}_x, \boldsymbol{p}_y \rangle, \quad G = |\boldsymbol{p}_y|^2 \tag{7.1}$$

とおいて，曲面の**第1基本量**といいます。さらに

$$\mathrm{I} = ds^2 = Edx^2 + 2Fdxdy + Gdy^2 \tag{7.2}$$

を曲面の**第1基本形式**または**計量**といいます。

$\boldsymbol{p} : D \ni (x, y) \longmapsto \boldsymbol{p}(x, y) \in E^3$
Dに属する(x, y)に対して，$\boldsymbol{p}(x, y)$が対応し，$\boldsymbol{p}(x, y)$はE^3に属しています。

$\frac{\partial \boldsymbol{p}}{\partial x}, \frac{\partial \boldsymbol{p}}{\partial y}$
それぞれ，x, yによる偏微分で，$\frac{\partial \boldsymbol{p}}{\partial x}$は，デルピー・デルエックスと，上下の順に読みます。$\frac{\partial \boldsymbol{p}}{\partial y}$も同様に，デルピー・デルワイと読みます。

この意味を説明しましょう。M上の曲線

$$\boldsymbol{p}(t)=\boldsymbol{p}(x(t),\ y(t)),\quad a\leq t\leq b$$

を考えます。Mの上にあるので，$\boldsymbol{c}(t)$ではなく，$\boldsymbol{p}(t)$と書いています。第1基本量$E,\ F,\ G$がわかると，Mの曲線$\boldsymbol{p}(t)=\boldsymbol{p}(x(t),\ y(t))$に対して，その接ベクトル

$$\dot{\boldsymbol{p}}(t)=\boldsymbol{p}_x\frac{dx}{dt}+\boldsymbol{p}_y\frac{dy}{dt}$$

の長さの平方は

$$\begin{aligned}|\dot{\boldsymbol{p}}(t)|^2&=\left\langle\boldsymbol{p}_x\frac{dx}{dt}+\boldsymbol{p}_y\frac{dy}{dt},\ \boldsymbol{p}_x\frac{dx}{dt}+\boldsymbol{p}_y\frac{dy}{dt}\right\rangle\\&=E\left(\frac{dx}{dt}\right)^2+2F\frac{dx}{dt}\frac{dy}{dt}+G\left(\frac{dy}{dt}\right)^2\end{aligned}\qquad(7.3)$$

で与えられます。したがって曲線の長さsは（1.9）により

$$s=\int|\dot{\boldsymbol{p}}(t)|dt=\int\sqrt{Edx^2+2Fdxdy+Gdy^2}\qquad(7.4)$$

で求まり，（7.2）が自然に見えてきます。

7-2 第2基本形式

曲面の接ベクトル$\boldsymbol{p}_x,\ \boldsymbol{p}_y$に垂直なベクトルを曲面の**法ベク**

(1.9)

$$L(\boldsymbol{c})=\int_a^b\left|\frac{d\boldsymbol{c}(t)}{dt}\right|dt=\int_a^b|\dot{\boldsymbol{c}}(t)|dt$$

トルといいます。特に単位法ベクトルを1つ選んで$\boldsymbol{n}$としましょう。ここに$\langle \boldsymbol{n}, \boldsymbol{p}_x \rangle = \langle \boldsymbol{n}, \boldsymbol{p}_y \rangle = 0$ですから，その微分も消えます。つまり

$$\frac{\partial}{\partial x}\langle \boldsymbol{n}, \boldsymbol{p}_x \rangle = \langle \boldsymbol{n}, \boldsymbol{p}_x \rangle_x = \langle \boldsymbol{n}_x, \boldsymbol{p}_x \rangle + \langle \boldsymbol{n}, \boldsymbol{p}_{xx} \rangle = 0$$

$$\frac{\partial}{\partial y}\langle \boldsymbol{n}, \boldsymbol{p}_y \rangle = \langle \boldsymbol{n}, \boldsymbol{p}_x \rangle_y = \langle \boldsymbol{n}_y, \boldsymbol{p}_x \rangle + \langle \boldsymbol{n}, \boldsymbol{p}_{xy} \rangle = 0$$

同様に$\langle \boldsymbol{n}, \boldsymbol{p}_y \rangle_x = 0 = \langle \boldsymbol{n}, \boldsymbol{p}_y \rangle_y$を使うと，

$$\begin{aligned} L &= \langle \boldsymbol{n}, \boldsymbol{p}_{xx} \rangle = -\langle \boldsymbol{n}_x, \boldsymbol{p}_x \rangle \\ M &= \langle \boldsymbol{n}, \boldsymbol{p}_{xy} \rangle = \langle \boldsymbol{n}, \boldsymbol{p}_{yx} \rangle = -\langle \boldsymbol{n}_x, \boldsymbol{p}_y \rangle = -\langle \boldsymbol{n}_y, \boldsymbol{p}_x \rangle \\ N &= \langle \boldsymbol{n}, \boldsymbol{p}_{yy} \rangle = -\langle \boldsymbol{n}_y, \boldsymbol{p}_y \rangle \end{aligned} \tag{7.5}$$

とおくことができます。L, M, Nを**第2基本量**とよびます。また

$$\mathrm{II} = Ldx^2 + 2Mdxdy + Ndy^2 \tag{7.6}$$

を**第2基本形式**といいます。

7-3 ガウス曲率と平均曲率

それでは曲面の曲がり方を記述するガウス曲率と平均曲率を定義しましょう。その意味づけは次章で行いますが，定義はユークリッド空間E^3の曲面に対して天下り的に与えます。ここで少し行列を用いた話をします。行列を知らない方

$\boldsymbol{p}_{xx}, \boldsymbol{p}_{xy}, \boldsymbol{p}_{yy}$

$\boldsymbol{p}_{xx}$は$\boldsymbol{p}_x$をもう一度xで微分した$\frac{\partial}{\partial x}(\boldsymbol{p}_x)$，つまり$\frac{\partial}{\partial x}\left(\frac{\partial \boldsymbol{p}}{\partial x}\right)$のこと。$\boldsymbol{p}_{xy}$は，$\boldsymbol{p}_x$を$y$で偏微分した$\frac{\partial}{\partial y}\left(\frac{\partial \boldsymbol{p}}{\partial x}\right)$のこと。同様に，$\boldsymbol{p}_{yy}$は，$\frac{\partial}{\partial y}\left(\frac{\partial \boldsymbol{p}}{\partial y}\right)$。

は第13章で紹介しますのでご覧ください。ここでは2×2行列がわかれば十分です。$A = \begin{pmatrix} a & b \\ c & d \end{pmatrix}$の行列式を

$$\det A = ad - bc$$

トレースを

$$\mathrm{tr} A = a + d$$

で定義します。Aの逆行列A^{-1}は

$$\frac{1}{ad - bc}\begin{pmatrix} d & -b \\ -c & a \end{pmatrix} \tag{7.7}$$

で与えられます。$\det A^{-1} = (\det A)^{-1}$に注意しましょう。

対称行列とは$b=c$をみたす行列のことです。実対称行列は必ず固有値とよばれる実数λ, μをもちます。つまり$\mathbf{0}$でないベクトル$\boldsymbol{x}, \boldsymbol{y}$が存在して,

$$A\boldsymbol{x} = \lambda \boldsymbol{x}, \quad A\boldsymbol{y} = \mu \boldsymbol{y}$$

をみたします。このとき実は$\det A = \lambda\mu$, $\mathrm{tr} A = \lambda + \mu$となります。これだけ認めれば以下の議論は理解できます。

第1基本量，第2基本量を用いて，2×2実対称行列I, IIを

(7.9) の式

1番目の等号は，ガウス曲率の定義です。2番目の等号は，固有値の積が行列式detになっていることを用いています。3番目の等号は，行列式detの性質を用いています。最後の4番目の等号は，実際にdetを計算しています。

$$\mathrm{I} = \begin{pmatrix} E & F \\ F & G \end{pmatrix}, \quad \mathrm{II} = \begin{pmatrix} L & M \\ M & N \end{pmatrix} \tag{7.8}$$

で定義するとき，実対称行列$\mathrm{I}^{-1}\mathrm{II}$の固有値$\kappa_1$, κ_2を**主曲率**とよびます。

ガウス曲率は主曲率の積で定義され，

$$K = \kappa_1\kappa_2 = \det\left(\mathrm{I}^{-1}\mathrm{II}\right) = \det \mathrm{I}^{-1} \det \mathrm{II} = \frac{LN - M^2}{EG - F^2} \tag{7.9}$$

となります。

次に，平均曲率Hは主曲率の平均として定義され，(7.7)を用いると，

$$\begin{aligned} \mathrm{I}^{-1}\mathrm{II} &= \frac{1}{EG - F^2}\begin{pmatrix} G & -F \\ -F & E \end{pmatrix}\begin{pmatrix} L & M \\ M & N \end{pmatrix} \\ &= \frac{1}{EG - F^2}\begin{pmatrix} GL - FM & GM - FN \\ -FL + EM & -FM + EN \end{pmatrix} \end{aligned}$$

ですから，このトレースをとって2で割った

$$H = \frac{1}{2}\left(\kappa_1 + \kappa_2\right) = \frac{GL - 2FM + EN}{2\left(EG - F^2\right)} \tag{7.10}$$

で与えられます。

(7.10) の式

2つの固有値の和がトレースに等しいので，その平均であるHは，$H = \frac{1}{2}\left(\kappa_1 + \kappa_2\right) = tr\left(\mathrm{I}^{-1}\mathrm{II}\right)$です。(7.10) の式の2番目の等号は，すぐ上の式からトレースを計算しています。

7-4 ガウスの驚愕定理

双曲平面はこのままでは曲がっているようには見えません。ガウスという天才数学者はどんな曲面の曲がり方も，その上の計量だけから決まってしまうことを発見しました。もう少しくだいていいますと，

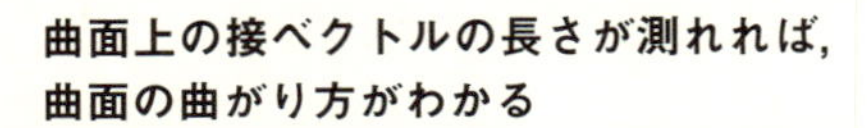
曲面上の接ベクトルの長さが測れれば，
曲面の曲がり方がわかる

ということです。曲がり方は，その形状が目に見えても見えなくても，計量だけから決まる，というのがガウスの発見したことです。

実際，(7.9) 式には第2基本量が含まれますが，ガウスはガウス曲率を第1基本量 E, F, G だけで表す式を発見したのです。

ガウス自身がこの事実に大変驚いたということで，この定理はガウスの驚愕定理とよばれています。

7-5 等温座標によるガウス曲率

ガウスの驚愕定理によれば，E^3 の中に実現できない曲面(6.5節のヒルベルトの定理参照) に対してもガウス曲率が定まります。これは曲面の構造式 (11.5節) というものから求めることができるのですが，ここでは結果のみ記します。

曲面には**等温座標**とよばれる都合のよい座標があります。(u, v) が等温座標であるとは，第1基本量が$E=G$, $F=0$をみたすもの，つまり計量が

$$ds^2 = E(du^2 + dv^2)$$

で与えられるような座標のことです。$z = u + iv$とするとき，

$$ds^2 = E|dz|^2$$

とも表されます。さてzに関する微分を∂, $\bar{z}$に関する微分を$\bar{\partial}$で表すと，

$$\partial = \frac{\partial}{\partial z} = \frac{1}{2}\left(\frac{\partial}{\partial u} - i\frac{\partial}{\partial v}\right), \quad \bar{\partial} = \frac{\partial}{\partial \bar{z}} = \frac{1}{2}\left(\frac{\partial}{\partial u} + i\frac{\partial}{\partial v}\right)$$

となります。iの前の符号に注意しましょう。$\triangle$を通常のラプラス作用素（10.3）とするとき，

等温座標を用いるとガウス曲率は次で与えられる。

$$K = -\frac{2\partial\bar{\partial}\log E}{E} = -\frac{\triangle \log E}{2E}$$

一般の座標に関するガウス曲率の公式もありますが，複雑になりますのでここでは触れません。重要なのは，計量ds^2が与えられさえすればガウス曲率が決まるということです。

$\bar{z}$，$\bar{\partial}$の読み方

$\bar{z}$はゼット・バー，$\bar{\partial}$はデル・バーと読みます。

7-6 ガウス曲率とガウス写像

最後に，ガウス曲率と深い関係にあるガウス写像を紹介します。

ユークリッド空間E^3の曲面Mの各点には単位法ベクトル$\boldsymbol{n}$がありました。ただしMはうらおもてがあるとすることにより，±の曖昧さをなくしてM全体でどちらか一方の向きに定めておきます。すると$\boldsymbol{n}$を原点に平行移動して終点を対応させることにより，半径1の単位球面S^2の点に移すことができます。これを**ガウス写像**とよび，

$$G : M \to S^2$$

で表します。

Mの点pの近くはS^2の$G(p)$の近くに移ります。つまりpからの距離がrであるMの点の集まりを$B_r(p)$と書くと，$G(B_r(p))$はS^2の点$G(p)$を含む領域になります。ガウス曲率の大きさは，これらの面積比の$r \to 0$とした極限

$$|K| = \lim_{r \to 0} \frac{\mathcal{A}\Big(G\big(B_r(p)\big)\Big)}{\mathcal{A}\big(B_r(p)\big)} \tag{7.11}$$

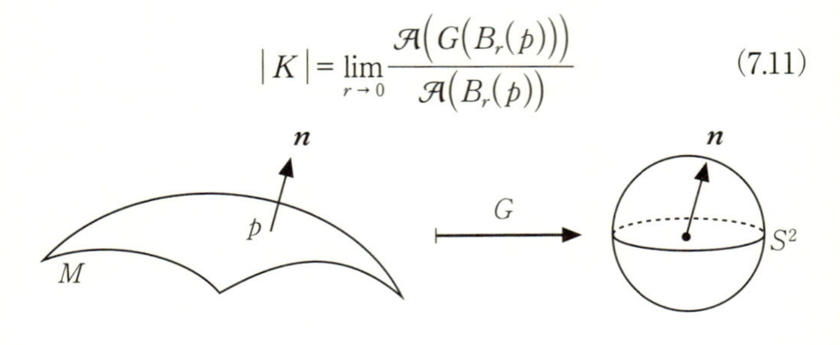

記号$\mathcal{A}$

$\mathcal{A}(B_r(p))$は，$B_r(p)$の面積のこと。

で与えられます。$\mathcal{A}$は面積のことです。Kに絶対値がついているのは，Gにより，$B_r(p)$の向きが像$G(B_r(p))$の向きと一致するときKは正，逆向きに移る場合は負，という符号付きの対応だからです。

9.1節の面積要素dAを用いると，

$$\mathcal{A}\Big(G\big(B_r(p)\big)\Big) = \int_{B_r(p)} |K| dA$$

が成り立ちます。

ガウス写像は曲面の重要な性質を反映することが知られていて，中でも重要なのは，第12章に現れる石鹼膜（せっけん）やシャボン玉の場合です。第12章の用語を先どりして述べると，

❶ E^3の極小曲面（石鹼膜）のガウス写像はS^2への（反）正則写像である。
❷ E^3の平均曲率一定曲面（シャボン玉）のガウス写像はS^2への調和写像である。

この観点から，極小曲面は複素関数論と密接に結びついています。調和写像には深入りしませんが，平均曲率一定曲面は，可積分系である双曲サインゴードン（sinh-Gordon）方程式との関係があります。いずれも幾何学的にも解析的にも重要な曲面となっています。

測量しようとしたら、みんな曲がっている！

第8章 知っておくと便利なこと

ここまでに現れた代表的な非ユークリッド空間である球面と双曲平面について，もう少し詳しく見てみましょう。少し計算がありますが，読み流していただいて結構です。曲がった空間を平らな空間に移してみるとどんないいことがあるかを知る典型的な例になっています。

8-1 立体射影（球面の場合）

地球のてっぺん，例えば北極としましょう，そこに立って，目と地球の点を結んでその点をそのまま真っ直ぐに赤道面（赤道を含む平面）に移します。このとき，北半球は地球の外側に，南半球は地球の内側に移ることになり，北極以外の点は全て赤道面に移ります。赤道はそのままです。

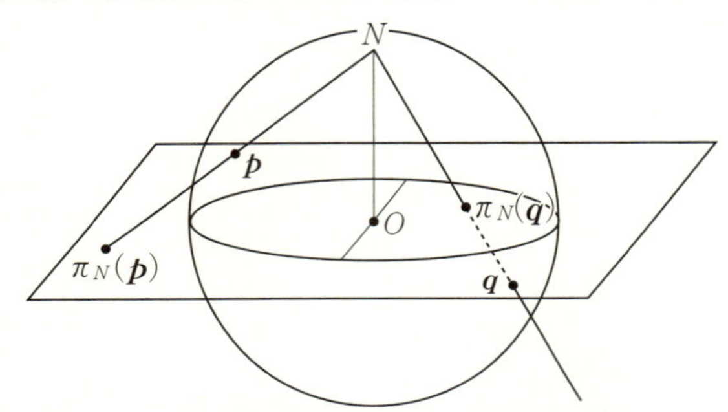

この射影を**北極からの立体射影**といいます。同じように，南極に立って地球を赤道面に移すと，南半球は地球の外側に，北半球は内側に，赤道はそのままに移ります。この射影を南極からの立体射影といいます。

曲面を平らとみなして調べる際，このように接平面とは限らない，もっと一般な平らな平面に移してみてもよいわけです。そしてその平面の座標を対応する曲面の点の座標と考えます。

球面について，上に述べた立体射影を式で書いてみましょう。ここではまず南極からの立体射影で説明します。

球面S^2の南極をSとすると，**南極からの立体射影**

$$\pi_S : S^2\backslash\{S\} \longrightarrow E^2$$

は，$\boldsymbol{p} \in S^2\backslash\{S\}$ に，南極と$\boldsymbol{p}$を通る直線が赤道面とぶつか

π_N, π_S
北がNORTH，南がSOUTHなので，NとSを用いてます。

る点を対応させます。

2次元球面を

$$S^2=\{(x_1, x_2, x_3)\in E^3 \mid {x_1}^2+{x_2}^2+{x_3}^2=1\}\subset E^3$$

と表すとき，南極は$S=(0, 0, -1)$なので，南極と球面の点$\boldsymbol{p}=(x_1, x_2, x_3)$を結ぶ直線が赤道面$x_3=0$とぶつかる点を$(u_1, u_2, 0)$とすると，

$$\frac{u_1}{x_1}=\frac{u_2}{x_2}=\frac{1}{x_3+1}$$

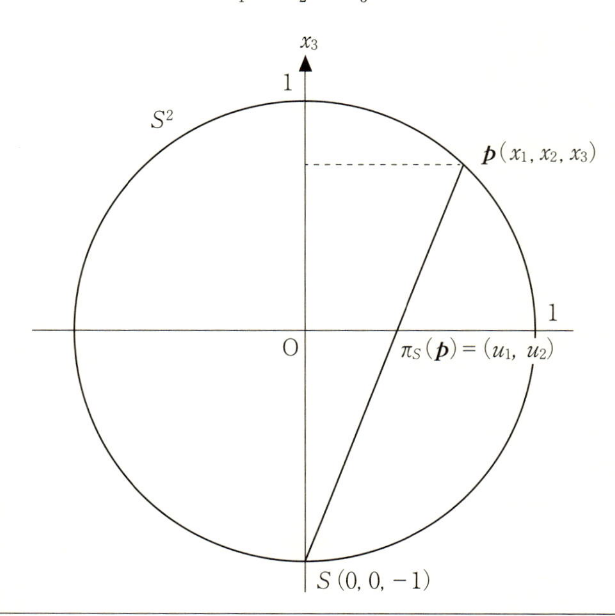

$S^2\backslash\{S\}$

$\backslash$は集合で「除く」という記号です。つまり，$S^2\backslash\{S\}$はS^2という球面からS（南極）という1点を除いた集合という意味です。S^2のSと$\{S\}$のSは，意味が異なるので注意。実際，$\boldsymbol{p}$が南極の位置にきてしまうと，南極と$\boldsymbol{p}$を通る直線が定まりません。

となります。したがって直ちに

$$\pi_S(\boldsymbol{p})=(u_1, u_2)=\left(\frac{x_1}{1+x_3}, \frac{x_2}{1+x_3}\right) \tag{8.1}$$

が得られます。また，$x_1{}^2+x_2{}^2+x_3{}^2=1$から

$$u_1{}^2+u_2{}^2=\frac{1-x_3{}^2}{(1+x_3)^2}=\frac{1-x_3}{1+x_3} \tag{8.2}$$

が成り立ちますので，この左辺を$|u|^2$と書くと，

$$1+|u|^2=\frac{2}{1+x_3}$$

となり，点$\boldsymbol{p}$は$\pi_S(\boldsymbol{p})$から逆に

$$(x_1, x_2, x_3)=\left(\frac{2u_1}{1+|u|^2}, \frac{2u_2}{1+|u|^2}, \frac{1-|u|^2}{1+|u|^2}\right) \tag{8.3}$$

として求まります。

同様にして北極$N=(0, 0, 1)$からの立体射影π_Nでは，

$$\pi_N(\boldsymbol{p})=(v_1, v_2)=\left(\frac{x_1}{1-x_3}, \frac{x_2}{1-x_3}\right) \tag{8.4}$$

$$(x_1, x_2, x_3)=\left(\frac{2v_1}{1+|v|^2}, \frac{2v_2}{1+|v|^2}, -\frac{1-|v|^2}{1+|v|^2}\right) \tag{8.5}$$

ここに$|v|^2=v_1{}^2+v_2{}^2$，なる関係式を得ます。

余談 ここでちょっと重要なことをいっておきます。南極と北極以外の点$\boldsymbol{p}$に対して，虚数単位を$i=\sqrt{-1}$として（8.1）

で$u=u_1+iu_2$,（8.4）で$v=v_1+iv_2$とおきますと,

$$v=\frac{1}{\bar{u}} \tag{8.6}$$

が成り立ちます。$\bar{u}=u_1-iu_2$のことです。実際,（8.2）を用いると,

$$\frac{1}{\bar{u}}=\frac{u}{|u|^2}=\frac{1+x_3}{1-x_3}\left(\frac{x_1}{1+x_3}+i\frac{x_2}{1+x_3}\right)$$
$$=\frac{x_1}{1-x_3}+i\frac{x_2}{1-x_3}=v$$

です。関数論的にいいますと，vは$\bar{u}$の関数なので，互いに他の**反正則関数**になっています。

立体射影は角度を保ち（これを**共形写像**といいます），円を円または直線に移しますが，上で述べたことは，極を対点に取り替えると，向きが変わることを意味しています。

8-2 立体射影とケーリー変換（双曲面の場合）

球面を赤道面に移すことができましたので，今度は双曲平面について考えてみましょう。双曲平面は上半平面H^2ですから，すでに平面座標をもっているわけですが，実は双曲型非ユークリッド空間のモデルはたくさんあって，球面と同様に2次式で表される回転面，ただしミンコフスキー空間$\mathbb{R}^3_1$内

$\frac{1}{\bar{u}}$の計算

1番目の等号は，$u\bar{u}=|u|^2$を用いています。2番目の等号は，（8.1）より，$u=u_1+iu_2=\frac{x_1}{x_3+1}+i\frac{x_2}{x_3+1}$を用いています。

の回転面

$$Q^2=\{(x_1, x_2, t)\in\mathbb{R}^3_1 \mid {x_1}^2+{x_2}^2-t^2=-1, t>0\}$$

で与えることができます。これを**双曲面**とよびましょう。

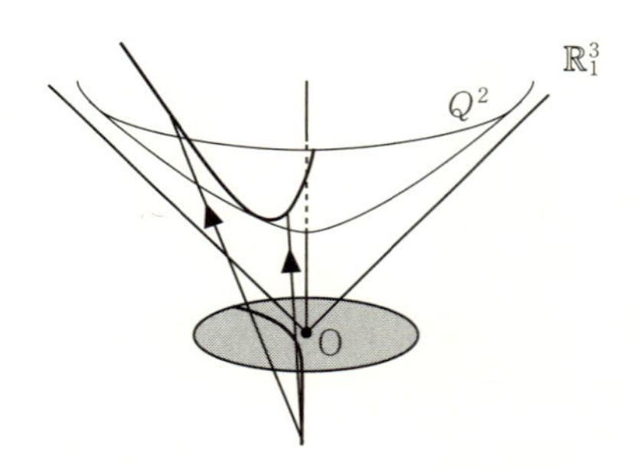

そしてこの回転面を$S=(0, 0, -1)$から立体射影すると，赤道面に代わるものとして，開円板

$$\mathbb{D}=\{z\in\mathbb{C} \mid |z|<1\} \tag{8.7}$$

が現れるのです。つまり

$$H^2\cong Q^2\cong\mathbb{D}$$

なる対応が，与えられた計量とともどもあるのです。ここに$\cong$は，互いに同相であることを意味します。これを説明します。

双曲平面H^2
$H^2=\{(x, y)\in\mathbb{R}^2 \mid y>0\}$　(→P60)

双曲面Q^2は，双曲線

$$x_1{}^2 - t^2 = -1$$

をt軸の周りに回転した曲面です。ただしここで，時空はx_1x_2平面E^2に時間軸tを加えた$\mathbb{R}_1^3$なる3次元ミンコフスキー空間（3.5節参照）です。

Q^2と開円板$\mathbb{D}$は，球面の南極からの立体射影と同様に，点$S=(0, 0, -1)$からx_1x_2平面への立体射影で同一視できます。つまりSとQ^2の点$\boldsymbol{p}=(x_1, x_2, t)$を線分で結び，$x_1x_2$平面との交点を$\pi(\boldsymbol{p})$と定めるのです。

(8.1）を出す計算では，$\boldsymbol{p}$が球面にのっていることは使っていませんので，ここでもx_3をtで置き換えた式

$$\pi(\boldsymbol{p}) = (u_1, u_2) = \left(\frac{x_1}{t+1}, \frac{x_2}{t+1}\right)$$

が成り立ちます。いま，$x_1{}^2 + x_2{}^2 - t^2 = -1$より

$$u_1{}^2 + u_2{}^2 = \frac{t^2-1}{(t+1)^2} = \frac{t-1}{t+1} \tag{8.8}$$

ですから，$1-|u|^2 = \dfrac{2}{t+1}$を用いると，逆に

$$(x_1, x_2, t) = \left(\frac{2u_1}{1-|u|^2}, \frac{2u_2}{1-|u|^2}, \frac{1+|u|^2}{1-|u|^2}\right) \tag{8.9}$$

が得られます。$t>0$より$1-|u|^2>0$，つまり像は，$z=u_1+iu_2\in\mathbb{C}$とおけば，単位開円板（8.7）になることがわかります。

さて，双曲面Q^2にミンコフスキー空間$\mathbb{R}^3_1$の擬内積から計量を定めることができます。つまり，Q^2の各接平面に擬内積$\langle\ ,\ \rangle_1$を制限すると，これはN1, N2, N3をみたす内積になります。N1, N2は問題ありませんが，N3についてはどうでしょうか。Q^2を図示して接線を書いてみると，接ベクトルが空間ベクトル（3.5節参照）方向を向いていることがわかり，長さは正，つまりN3が成り立ちます。これでQ^2に距離が決まります。

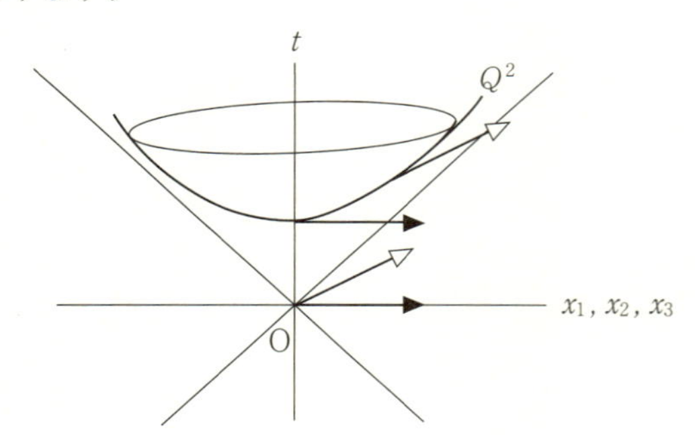

この距離に関する双曲面Q^2の測地線は，$\mathbb{R}^3_1$の原点を通る平面とQ^2との切り口で与えられることが知られていて，球面の測地線が原点を通る平面と球面の切り口である大円で与えられたことに対応しています。

内積の3条件

N1. $\langle \boldsymbol{u}, \boldsymbol{v}\rangle=\langle \boldsymbol{v}, \boldsymbol{u}\rangle$：対称性

N2. $\langle a\boldsymbol{u}_1+b\boldsymbol{u}_2, \boldsymbol{v}\rangle=a\langle \boldsymbol{u}_1, \boldsymbol{v}\rangle+b\langle \boldsymbol{u}_2, \boldsymbol{v}\rangle$, $a, b\in\mathbb{R}$：線形性

N3. $\langle \boldsymbol{u}, \boldsymbol{u}\rangle>0$, $\boldsymbol{u}\neq 0$：正値性

さて，Q^2と$\mathbb{D}$の関係がわかったので，次にH^2と$\mathbb{D}$の関係を直接与えてみましょう。

$H^2=\{w=x+iy\in\mathbb{C}\mid y>0\}$の点に

$$z=\frac{i-w}{i+w} \tag{8.10}$$

なる変換を施すと，H^2は単位開円板$\mathbb{D}=\{z\mid |z|<1\}$に移ります。この変換を**ケーリー変換**といいます。

確かめるには，まずx軸が円周に移ることを示します。複素数α,βの間の距離は$|\alpha-\beta|$で与えられます。$|z|=\left|\dfrac{i-x}{i+x}\right|$の分子，分母はそれぞれ$i$から実数$x$, $-x$への距離ですから等しく，$|z|=1$がいえます。さらにiは0に移りますから，写像の連続性からH^2は$\mathbb{D}$に移されます。

この同一視により，$\mathbb{D}$にも計量が入ります。これは**ポアンカレ計量**とよばれ，この計量を入れた円板$\mathbb{D}$を**ポアンカレ円板**といいます。

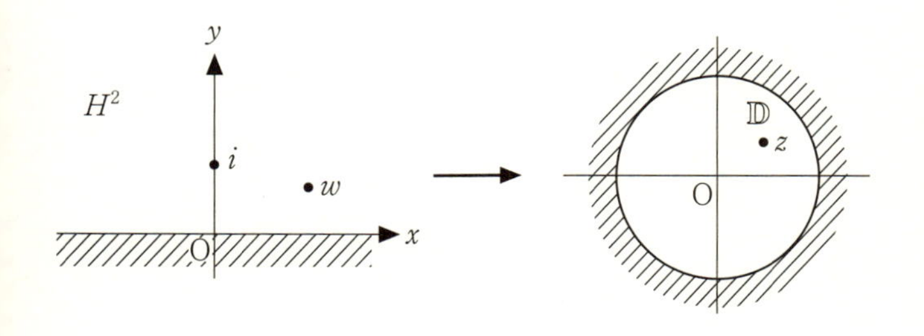

具体的には，H^2上の計量$\dfrac{|dw|^2}{y^2}$が$\mathbb{D}$上の計量$\dfrac{4|dz|^2}{\left(1-|z|^2\right)^2}$に対応することが，次のように計算で確かめられます。

$w-\overline{w}=2iy$に注意すると，(8.10) から，

$$1-|z|^2=1-\left|\frac{i-w}{i+w}\right|^2=\frac{|i+w|^2-|i-w|^2}{|i+w|^2}=\frac{4y}{|i+w|^2}$$

が得られます。また，

$$dz=\frac{-(i+w)-(i-w)}{(i+w)^2}dw=\frac{-2i}{(i+w)^2}dw$$

から

$$|dz|^2=\frac{4|dw|^2}{|i+w|^4}$$

となり，したがって

$$\frac{4|dz|^2}{\left(1-|z|^2\right)^2}=\frac{16}{|i+w|^4}\frac{|i+w|^4}{16y^2}|dw|^2=\frac{|dw|^2}{y^2} \quad (8.11)$$

を得ます。

Q^2の測地線は，立体射影でポアンカレ円板$\mathbb{D}$の測地線に移されます。

他方，$\mathbb{D}$の測地線はケーリー変換でH^2の測地線と対応します。これらの3つの曲面の間の対応は，球面の立体射影と同様に共形変換で角度を保ち，円を円または直線に移します。したがって$\mathbb{D}$の測地線は境界と直交する円弧になります。つまり，Q^2の測地線は立体射影で，$\mathbb{D}$上境界と直交す

る円弧に移されることがわかるのです。

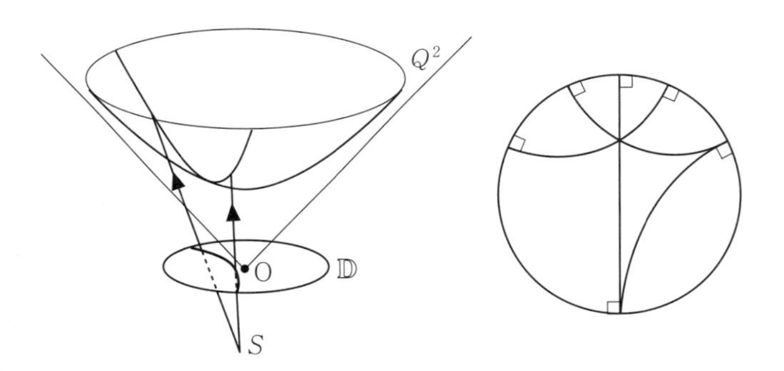

8-3 球面上の距離はどう測るのか —フビニスタディ計量

円周率πが無限に続く小数3.1415…であることはよく知られています。半径1mの半円周を描いて，その長さを巻き尺で測ると，3.1415…mになるはずです。やってみてください。

ここでπは180度という角度と対応しています。$\pi=180$度の関係式で比例配分すると，任意の角度がπを基準に測れます。$\frac{\pi}{2}=90$度，$\frac{\pi}{3}=60$度などはいうまでもありません。

こうして測った角度をθと表すと，半径1の円の，中心角がθである円弧の長さは，θです。半径rなら，その円弧の長さは$r\theta$で与えられます。

このように角度を円弧の長さで測ることを**弧度法**といいます。

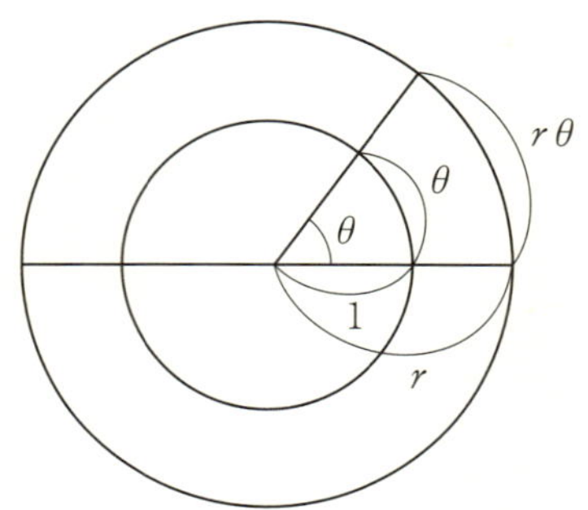

球面の2点p, qを通る測地線が大円であることを2.3節で述べました。

端点がp, qの大円弧の短い方の長さは2点を結ぶ最短線で，2点間の距離になることがわかっています。

球面（南極を除く）は，南極からの立体射影π_Sで全平面$\mathbb{C}$に移されました。複素座標$u = u_1 + iu_2$を用いることにすると，S^2の標準計量はこの座標により，

$$ds^2 = \frac{4|du|^2}{(1+|u|^2)^2} \tag{8.12}$$

と表せることが知られています。この計量が**フビニスタディ計量**で，球面上の2点を結ぶ大円弧の長さを弧度法で測る古典的な計量に対応しています。以下でこれを示します。証明は難しくはありませんが，読みとばしても結構です。

まず球面上の点$\boldsymbol{p}$がx_1x_3平面上にあるとき，南極からの立体射影π_Sでx_1x_3平面はx_1軸に移りますので，（8.1）でx_2座標は無視して，

$$\pi_S : \boldsymbol{p} = (\cos\theta, \sin\theta) \mapsto \bar{\boldsymbol{p}} = \frac{\cos\theta}{1+\sin\theta}$$

となります。したがって球面とx_1x_3平面の切り口である大円Cはθをパラメーターとして

$$u(\theta) = \frac{\cos\theta}{1+\sin\theta}$$

に移されます。$|u(\theta)|^2 = \dfrac{\cos^2\theta}{(1+\sin\theta)^2}$ より $1+|u(\theta)|^2 = \dfrac{2}{1+\sin\theta}$ を得ます。また，

$$du = \frac{-\sin\theta(1+\sin\theta)-\cos^2\theta}{(1+\sin\theta)^2} = -\frac{d\theta}{1+\sin\theta}$$

ですから，

$$\frac{2|du|}{1+|u|^2} = |d\theta|$$

となります。このことからC上の2点$\boldsymbol{p}=(\cos\theta, \sin\theta)$, $\boldsymbol{q}=(\cos\theta', \sin\theta')$の立体射影$\pi_S$による像$\bar{\boldsymbol{p}}$, $\bar{\boldsymbol{q}}$の距離をフビニスタディ計量で測ったものは

(8.1)

$\pi_S(\boldsymbol{p}) = (u_1, u_2) = \left(\dfrac{x_1}{1+x_3}, \dfrac{x_2}{1+x_3}\right)$ (→p122)

$$\int_{\theta}^{\theta'} \frac{2|du|}{1+|u|^2} = \int_{\theta}^{\theta'} |d\theta| = \pm(\theta' - \theta)$$

で与えられること，つまりp, qを結ぶ円弧の長さであることがわかります（(1.10) 参照)。

任意の2点$\boldsymbol{p}$, $\boldsymbol{q}$の場合は，$\mathbb{R}^3$の座標をとりかえて$\boldsymbol{p}$, $\boldsymbol{q}$を結ぶ大円の上（$\boldsymbol{p}$, $\boldsymbol{q}$で切り取られる大きい方の円弧上）に南極を取り，同様に考えればよいので，フビニスタディ計量が球面上の2点の自然な距離を与えていることがわかります。

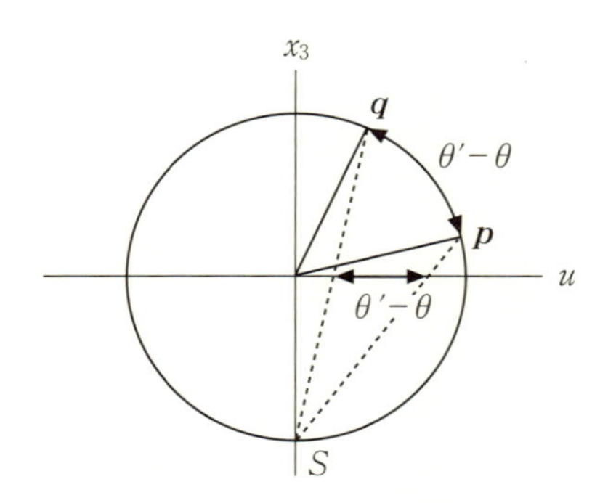

この計量で，球面のガウス曲率は定数1となります。実際，(8.12) により(u_1, u_2)は等温座標になっていますから，ガウス曲率は，7.5節の公式で計算できます。$E = \dfrac{4}{(1+|u|^2)^2}$

ですから，$\bar{\partial}E=\dfrac{\partial}{\partial\bar{u}}\left\{\dfrac{4}{(1+u\bar{u})^2}\right\}=-\dfrac{8u}{(1+|u|^2)^3}$ より

$$\bar{\partial}\log E=\frac{\bar{\partial}E}{E}=-\frac{2u}{1+|u|^2}$$

となり，

$$\begin{aligned}\partial\bar{\partial}\log E&=\frac{\partial}{\partial u}\left(-\frac{2u}{1+u\bar{u}}\right)\\&=-\frac{2}{1+u\bar{u}}+\frac{2u\bar{u}}{(1+|u|^2)^2}\\&=-\frac{2}{(1+|u|^2)^2}\end{aligned}$$

したがって $K=-\dfrac{2\partial\bar{\partial}\log E}{E}=1$ を得ます。

8-4 三角関数と双曲線関数

一般に複素数zの絶対値を$r=|z|$，偏角をθとするとき，次の図を見るとすぐに，$z=r(\cos\theta+i\sin\theta)$と書けることがわかります。これを複素数の極表示といいます。

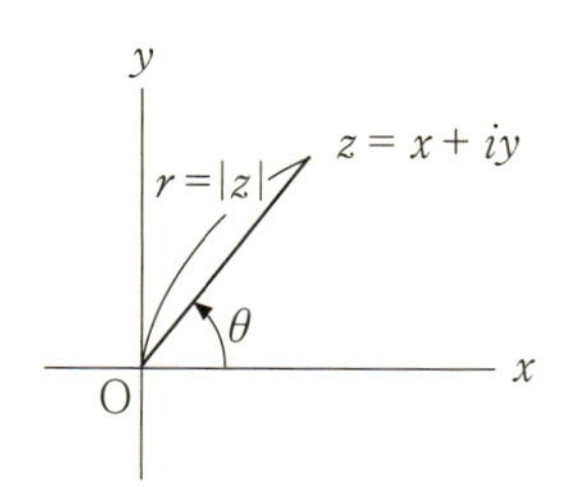

絶対値が1の複素数の極表示をオイラー表示

$$e^{i\theta}=\cos\theta+i\sin\theta \tag{8.13}$$

ともいいます。これを用いると,

$$\cos\theta=\frac{1}{2}\left(e^{i\theta}+e^{-i\theta}\right),\quad \sin\theta=\frac{1}{2i}\left(e^{i\theta}-e^{-i\theta}\right) \tag{8.14}$$

が手計算でわかります。これをまねて,実数τに対して

$$\cosh\tau=\frac{1}{2}\left(e^{\tau}+e^{-\tau}\right),\quad \sinh\tau=\frac{1}{2}\left(e^{\tau}-e^{-\tau}\right)$$

で定義される関数を**双曲コサイン**,**双曲サイン**とよび,あわせて**双曲線関数**といいます。双曲は英語でhyperbolicといいますので,その"h"がついています。

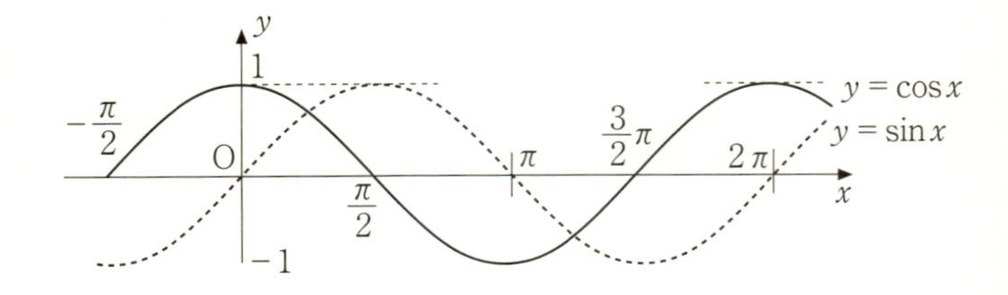

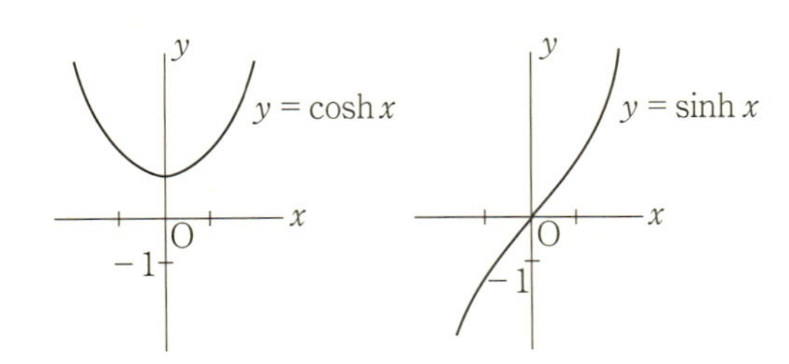

さてみなさんがよくご存知の

$$\cos^2\theta+\sin^2\theta=1$$

に対して，

$$\cosh^2\tau-\sinh^2\tau=1$$

が成り立つことも手計算でわかるでしょう。これは図形的にはそれぞれ，円の方程式

$$x^2+y^2=1$$

と，双曲線の方程式

$$x^2-y^2=1$$

にあたります。つまり図形$(\cos\theta, \sin\theta)$は円を表し，$(\cosh\tau, \sinh\tau)$は双曲線を表すわけです。双曲線関数の命名の理由がおわかりかと思います。

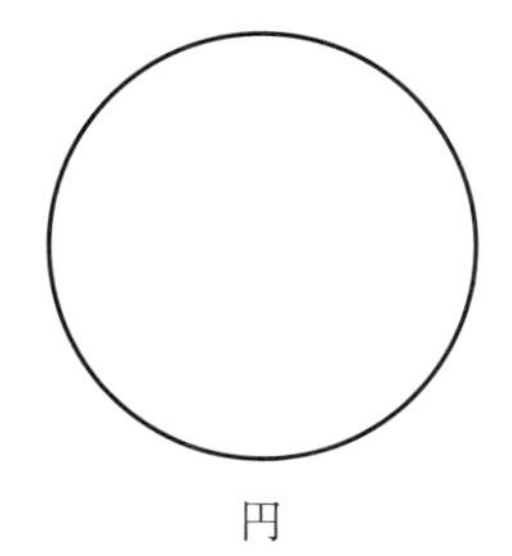

円

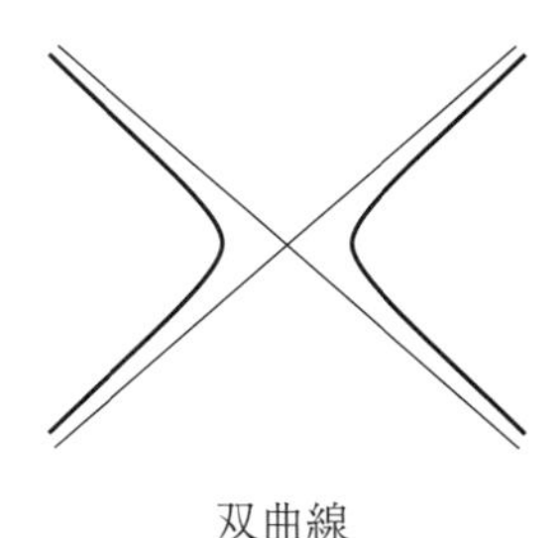

双曲線

(8.14) の求め方
$e^{i\theta}=\cos\theta+i\sin\theta$より，$e^{-i\theta}=\cos(-\theta)+i\sin(-\theta)=\cos\theta-i\sin\theta$。この2式より求めます。

$\sinh\tau$，$\cosh\tau$の別の読み方
ハイパボリック・サイン・タウ，ハイパボリック・コサイン・タウとも読みます。

では次節で双曲線関数を使って，双曲面の距離を測ってみましょう。

8-5 双曲面上の距離はどう測るのか —ポアンカレ計量

双曲面Q^2にはミンコフスキー空間$\mathbb{R}^3_1$から誘導された計量があります。

Q^2は立体射影で複素円板$\mathbb{D}$に移されますから，複素円板にも計量が誘導されます。これを**ポアンカレ計量**といいます。ポアンカレ計量を$\mathbb{D}$の座標$z=u_1+iu_2$で表すと，

$$ds^2=\frac{4|dz|^2}{(1-|z|^2)^2} \tag{8.15}$$

となることがわかっています。

双曲面の測地線は，双曲面と，原点を通る平面との切り口で与えられることを述べました。これは双曲線となります。球面のときの議論にしたがって，双曲面についても双曲線弧の長さと，ポアンカレ計量との関係について説明しておきましょう。

$$\cosh^2\tau-\sinh^2\tau=1 \tag{8.16}$$

に注意します。これにより，双曲線γ

$$x_1{}^2 - x_3{}^2 = -1$$

上の点を$(x_1, x_3) = (\sinh\tau, \cosh\tau)$とおくことができます（順序に注意）。

ここではγがx_1x_3平面，すなわち，2次元のミンコフスキー空間$\mathbb{R}_1^2$上にあることに注意して，その上の2点間の距離を1.5節で学んだ曲線の長さから求めてみます。

$$\boldsymbol{p}(\tau) = (\sinh\tau, \cosh\tau) \in \mathbb{R}_1^2$$

をτで微分すると，

$$\dot{\boldsymbol{p}}(\tau) = (\cosh\tau, \sinh\tau)$$

ですから，その長さをミンコフスキー空間$\mathbb{R}_1^2$の擬内積で測ると，

$$\left|\dot{\boldsymbol{p}}(\tau)\right|^2 = \cosh^2\tau - \sinh^2\tau = 1$$

となり，τが弧長であることがわかります。したがって，γ上の2点$\boldsymbol{p} = (\sinh\tau, \cosh\tau)$, $\boldsymbol{q} = (\sinh\tau', \cosh\tau')$を結ぶ弧の長さは

$$\int_\tau^{\tau'} \left|\dot{\boldsymbol{p}}(\tau)\right| d\tau = \tau' - \tau \qquad (8.17)$$

で与えられます。これは，ユークリッド平面上の双曲線弧の長さではないことに注意しましょう。つまり双曲線をノート

$\cosh\tau$，$\sinh\tau$の微分

$\cosh\tau = \frac{1}{2}\left(e^\tau + e^{-\tau}\right)$, $\sinh\tau = \frac{1}{2}\left(e^\tau - e^{-\tau}\right)$から容易に$\frac{d}{d\tau}\cosh\tau = \sinh\tau$，$\frac{d}{d\tau}\sinh\tau = \cosh\tau$がわかります。

に書いて，それを巻き尺で測った長さではありません。

さて双曲面Q^2をx_1x_3平面で切った切り口は，南極からの立体射影π_Sでx_1軸に移りますので，(8.5) でx_2座標は無視して，$x_1=\sinh\tau$, $x_3=\cosh\tau$とおけば，その立体射影による像は

$$\pi : \boldsymbol{p}(\tau)=(\sinh\tau, \cosh\tau)\longmapsto \bar{\boldsymbol{p}}(\tau)=\frac{\sinh\tau}{1+\cosh\tau}$$

となります。したがって双曲面とx_1x_3平面の切り口である双曲線γは，τをパラメーターとしてx_1軸上の線分

$$z(\tau)=\frac{\sinh\tau}{1+\cosh\tau}$$

に移されます。$\left|z(\tau)\right|^2=\dfrac{\sinh^2\tau}{(1+\cosh\tau)^2}$ より $1-\left|z(\tau)\right|^2=\dfrac{2}{1+\cosh\tau}$ を得ます。また，

$$dz=\frac{\cosh\tau(1+\cosh\tau)-\sinh^2\tau}{(1+\cosh\tau)^2}=\frac{d\tau}{1+\cosh\tau}$$

ですから，

$$\frac{2\left|dz\right|}{1-\left|z\right|^2}=\left|d\tau\right|$$

となります。このことからγ上の2点$\boldsymbol{p}=(\sinh\tau, \cosh\tau)$, $\boldsymbol{q}=(\sinh\tau', \cosh\tau')$を通る双曲線弧の立体射影$\pi$による像 $\bar{\boldsymbol{p}}$, $\bar{\boldsymbol{q}}$ の

距離をポアンカレ計量で測ったものは

$$\int_{\tau}^{\tau'} \frac{2|dz|}{1-|z|^2} = \int_{\tau}^{\tau'} |d\tau| = \pm(\tau' - \tau)$$

で与えられること，つまり（8.17）で与えたp, qを結ぶ双曲線弧の長さであることがわかり，ポアンカレ計量の由来も明らかになるのです。

注意 ここでは次のようなことを認めた上で書いています。第一に，球面は見るからにどこから見ても同じ形をしています。したがって立体射影の中心（北極や南極）をどこに取っても議論は同じであることがわかります。

他方，双曲面Q^2は一見どこから見ても同じ形には見えません。しかし，ミンコフスキー空間の擬内積を保つ変換を考えると，実は球面と同様に，どこから見ても同じ形になっています（もう少し正確には14.6節を読んでください）。

したがって球面のときと同様に，Q^2上の2点p, qと原点を通る平面でQ^2を切って，その切り口の上で立体射影を考えると，球面の場合をなぞる議論ができて，これはp, qの位置によらない性質を教えてくれるのです。つまり，この切り口の双曲線上，2次元ミンコフスキー空間$\mathbb{R}^2_1$から誘導される計量を使って双曲線弧の長さを測り，立体射影の像のポアンカレ計量に関する長さと比較すると，これらが一致することがわかるのです。これにより，ポアンカレ計量は，双曲面Q^2にミンコフスキー空間$\mathbb{R}_1^3$から入れた計量，したがって（8.11）の議論から，双曲平面H^2に入れた双曲計量とも対応していることがわかります。

ポアンカレ計量のガウス曲率については，$E=\dfrac{4}{(1-|z|^2)^2}$ですから，フビニスタディ計量のときと同様な計算により，$K=-1$がわかります。

以上をまとめると，南極からの立体射影をπ_Sとおき，$\boldsymbol{x}=(x_1, x_2, x_3)$とするとき，文字が上の計算と少し変わりますが，

	球面S^2	双曲面Q^2
	$\boldsymbol{x}\in\mathbb{R}^3, \lvert\boldsymbol{x}\rvert=1$	$(\boldsymbol{x}, t)\in\mathbb{R}_1^3, {x_1}^2+{x_2}^2-{x_3}^2=-1$
$z=\pi_S(\boldsymbol{x})$	$z=\dfrac{x_1+ix_2}{1+x_3}$	$z=\dfrac{x_1+ix_2}{1+x_3}$
計量	${d_S}^2=\dfrac{4\lvert dz\rvert^2}{(1+\lvert z\rvert^2)^2}$	${d_S}^2=\dfrac{4\lvert dz\rvert^2}{(1-\lvert z\rvert^2)^2}$
ガウス曲率	1	−1
測地線	原点を通る平面との切り口＝大円	原点を通る平面との切り口＝双曲線

となります。

曲率の符号が逆なので，2つの空間の性質は正反対になります。

ここまでの3節で，曲がった空間である球面や双曲面を，平らな平面（の一部）に移してみることをしました。このように接平面とは限らない，いろいろな平面に曲がった空間（の一部）を移して記述することは，曲がった空間にはいろいろな座標が入るということを示しています。

6.2節で，いろいろな座標が入るという視点で，曲がった空間である多様体を定義したことを思い出しておいてください。

縁に行くほど，すべりやすいから気をつけて！

第9章 ガウス–ボンネの定理

曲面論のハイライトはガウス–ボンネの定理です。これは曲面の曲がり方と位相を結びつけるという点で，何はともあれ，知っておきたい定理です。

議論はまず三角形についてなされ，三角形の内角和とガウス曲率との関係が導かれます。次にそれを用いて閉曲面についての重要な結果が導かれるのです。まずそのための準備をします。

9-1 外積と面積要素

曲線の長さを測ることは1.5節で述べましたが，今度は曲面の面積の測り方を考えましょう。

3次元ユークリッド空間E^3の平行でない2つのベクトル$\boldsymbol{u}$, $\boldsymbol{v}$を考えます。$\boldsymbol{u}$, $\boldsymbol{v}$に直交して，大きさが$\boldsymbol{u}$と$\boldsymbol{v}$の張る平行四辺形の面積で，さらに$\boldsymbol{u}$, $\boldsymbol{v}$, $\boldsymbol{u}\times\boldsymbol{v}$が右手系となるような第3のベクトルを$\boldsymbol{u}\times\boldsymbol{v}$（$\boldsymbol{u}\wedge\boldsymbol{v}$とも書く。$\wedge$はウェッジと読む）と表して，$\boldsymbol{u}$, $\boldsymbol{v}$の**外積ベクトル**といいます。$\boldsymbol{u}$と$\boldsymbol{v}$が平行のときは$\boldsymbol{u}\times\boldsymbol{v}=0$とします。

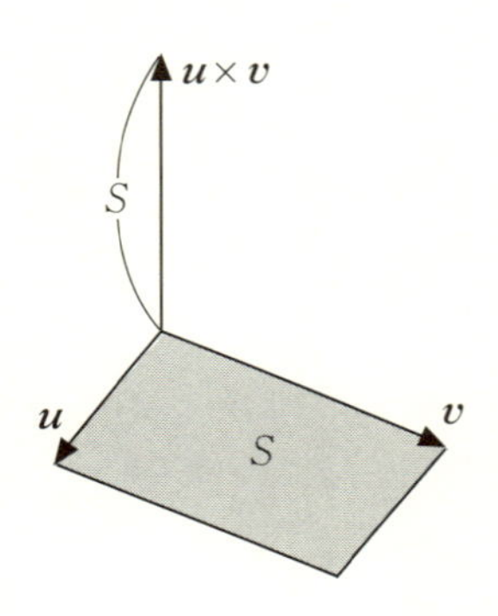

これを座標で表すと次のようになります。
$\boldsymbol{u}=(u_1, u_2, u_3)$, $\boldsymbol{v}=(v_1, v_2, v_3)$とするとき，

$$\boldsymbol{u}\times\boldsymbol{v}=(u_2v_3-u_3v_2,\ u_3v_1-u_1v_3,\ u_1v_2-u_2v_1) \qquad (9.1)$$

です。これから$\langle\boldsymbol{u}, \boldsymbol{u}\times\boldsymbol{v}\rangle=0$, $\langle\boldsymbol{v}, \boldsymbol{u}\times\boldsymbol{v}\rangle=0$は容易に得られますので確かめてください。

$\boldsymbol{u}, \boldsymbol{v}$のなす角を$\theta$とするとき，$\cos\theta = \dfrac{\langle \boldsymbol{u}, \boldsymbol{v} \rangle}{|\boldsymbol{u}||\boldsymbol{v}|}$に注意すると，$\boldsymbol{u}$と$\boldsymbol{v}$の張る平行四辺形の面積$S$は，

$$S = |\boldsymbol{u}||\boldsymbol{v}|\sin\theta = |\boldsymbol{u}||\boldsymbol{v}|\sqrt{1-\cos^2\theta} = \sqrt{|\boldsymbol{u}|^2|\boldsymbol{v}|^2 - \langle \boldsymbol{u}, \boldsymbol{v} \rangle^2} \tag{9.2}$$

なので，ルートの中身は

$$\begin{aligned}
&({u_1}^2+{u_2}^2+{u_3}^2)({v_1}^2+{v_2}^2+{v_3}^2)-(u_1v_1+u_2v_2+u_3v_3)^2 \\
&=(u_2v_3-u_3v_2)^2+(u_1v_3-u_3v_1)^2+(u_1v_2-u_2v_1)^2 \\
&=|\boldsymbol{u}\times\boldsymbol{v}|^2
\end{aligned}$$

となり，$S=|\boldsymbol{u}\times\boldsymbol{v}|$がわかります。

いま，曲面$\boldsymbol{p}: D \ni (x, y) \longmapsto \boldsymbol{p}(x, y) \in E^3$に対して$|\boldsymbol{p}_x \times \boldsymbol{p}_y|$が$\boldsymbol{p}_x$と$\boldsymbol{p}_y$の張る平行四辺形の面積であることに注意して（9.2）を用いると，

$$|\boldsymbol{p}_x \times \boldsymbol{p}_y| = \sqrt{EG-F^2}$$

がわかります。

$$dA = \sqrt{EG-F^2}\,dxdy \tag{9.3}$$

を曲面の面積要素といいます。

実際，曲面を$\boldsymbol{p}(x_i+\Delta_i x, y_i)-\boldsymbol{p}(x_i, y_i)$と$\boldsymbol{p}(x_i, y_i+\Delta_i y)-\boldsymbol{p}(x_i, y_i)$

第1基本量

$E=|\boldsymbol{p}_x|^2$，$F=\langle \boldsymbol{p}_x, \boldsymbol{p}_y \rangle$，$G=|\boldsymbol{p}_y|^2$（7.1）

で張られる平行四辺形で細かく分割して，その面積を足し合わせ，極限$\Delta_i x, \Delta_i y \to 0$とすることにより，

$$\sum\left|\left(\boldsymbol{p}\left(x_i+\Delta_i x, y_i\right)-\boldsymbol{p}\left(x_i, y_i\right)\right)\times\left(\boldsymbol{p}\left(x_i, y_i+\Delta_i y\right)-\boldsymbol{p}\left(x_i, y_i\right)\right)\right|$$

$$=\sum\left|\frac{\boldsymbol{p}\left(x_i+\Delta_i x, y_i\right)-\boldsymbol{p}\left(x_i, y_i\right)}{\Delta_i x}\times\frac{\boldsymbol{p}\left(x_i, y_i+\Delta_i y\right)-\boldsymbol{p}\left(x_i, y_i\right)}{\Delta_i y}\right|\Delta_i x\Delta_i y$$

$$\to\int_D\left|\boldsymbol{p}_x\times\boldsymbol{p}_y\right|dxdy=\int_D dA$$

を得ますから，曲面の面積は

$$\mathcal{A}=\int_D dA=\int_D\sqrt{EG-F^2}\,dxdy \qquad (9.4)$$

で与えられます。

面積に関する幾何は第12章でも述べます。

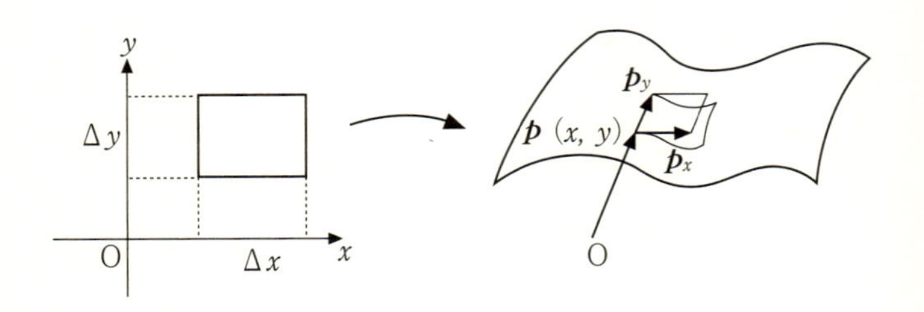

9-2 線積分と面積分

曲線c上の**線積分**は，cのパラメーターtを使うと次のように計算できます。

曲線$c(t)$（$a \leq t \leq b$）に沿って関数$f(x, y)$を積分することは，$a = t_0 < t_1 < \cdots < t_n = b$なる分割を行い，$\Delta_i t = t_{i+1} - t_i$として，

$$\sum_i f\left(c\left(t_i\right)\right)\left|c\left(t_i + \Delta_i t\right) - c\left(t_i\right)\right|$$

$$= \sum_i f\left(c\left(t_i\right)\right)\left|\frac{c\left(t_i + \Delta_i t\right) - c\left(t_i\right)}{\Delta_i t}\right|\Delta_i t$$

を考え，$\Delta_i t \to 0$なる極限をとることなので，

$$\int_a^b f\left(c\left(t\right)\right)\left|\dot{c}\left(t\right)\right|dt$$

となります。また，弧長sを用いると，$ds = |\dot{c}(t)|dt$ですから，曲線の長さをlとして

$$\int_0^l f\left(c\left(s\right)\right)ds$$

とも表せます。

同様に，曲面上の**面積分**とは，曲面上の関数$h(x, y)$に対して，曲面の面積要素dAを用いて，

$$\int_M h(x, y)dA$$

で定義されます。

9-3 ガウス–ボンネの定理と三角形の内角の和

さて，3.3節に書きましたように，三角形の内角の和は180度という通念があります。これは平行線の公理と関係しています。ということは平行線の公理が成り立たない非ユークリッド幾何では成り立つかどうかわからない性質です。まずは証明なしにガウス–ボンネの定理を述べましょう。証明は11.5節で与えます。以下では計算は認めることにして，そのまま読み進んでください。

ガウス曲率Kをもつ曲面Mの上の三角形$\triangle$を考え，3辺を弧長パラメーターsで表し，$\boldsymbol{e}_1=\boldsymbol{c}'(s)$，$\boldsymbol{e}_2$を$M$の接ベクトルで$\boldsymbol{e}_1$と直交する単位ベクトル，$\boldsymbol{e}_3=\boldsymbol{e}_1\times\boldsymbol{e}_2$とします。$\boldsymbol{c}''(s)$は$\boldsymbol{c}'(s)=\boldsymbol{e}_1$に直交していたことを思い出す（2.2節，2.3節参照）と，

$$\boldsymbol{c}''(s)=\boldsymbol{k}_g+\boldsymbol{k}_n=\kappa_g\boldsymbol{e}_2+\kappa_n\boldsymbol{e}_3$$

とかけます。ここにκ_gを**測地的曲率**，κ_nを**法曲率**といいます。$\partial\triangle$で三角形の辺を表します。

α_iで三角形の外角，β_iで内角を表します。ここで三角形の外角，内角とは各辺の接ベクトルが頂点で作る外側，内側の角のことです。$\beta_i=\pi-\alpha_i$が成り立つことに注意すると，次の定理が成り立ちます。

(9.3)
$dA=\sqrt{EG-F^2}\,dxdy$

三角形に対するガウス-ボンネの定理

$$\int_{\triangle} KdA + \int_{\partial\triangle} \kappa_g ds = 2\pi - \sum_{i=1}^{3}\alpha_i = -\pi + \sum_{i=1}^{3}\beta_i$$

ここにdAは（9.3）の面積要素です。これはストークスの定理（11.7）と，曲面の構造式（11.10）とよばれるものの重要な応用です。境界が角をもつことにより，右辺が現れます。

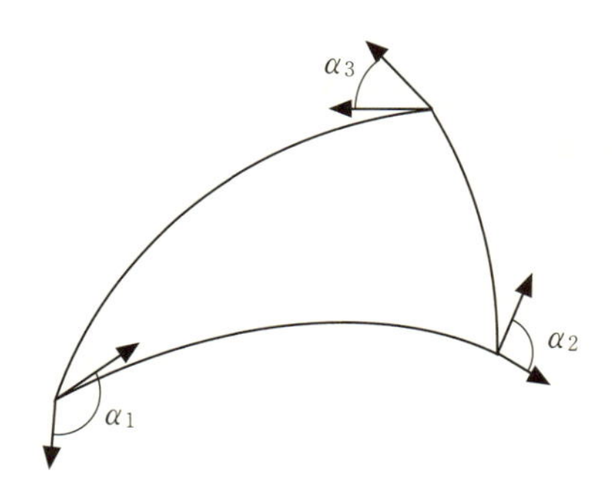

3辺が測地線分からなる三角形を**測地三角形**といいます。このときは$\kappa_g=0$で左辺の第2項が消えますから，測地三角形に対するガウス-ボンネの定理は前の式を少し書き換えて内角の和を与える式にすると，

(11.7)
$\int_A d\phi = \int_{\partial A} \phi$

(11.10)
$d\omega_2^1 = K\theta^1 \wedge \theta^2$

$\partial\triangle$
三角形△の境界。

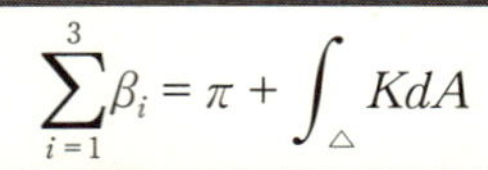

$$\sum_{i=1}^{3}\beta_i = \pi + \int_{\triangle} KdA$$

となります。これにより直ちに$K>0$なら内角の和はπより大きく，$K<0$ならπより小さいことがわかります。つまり，楕円型非ユークリッド幾何では内角の和は180度より大きく，双曲型非ユークリッド幾何では180度より小さくなるのです。

いずれにせよ，いまとなってはユークリッド幾何はとても特殊な幾何であることがわかっていただけると思います。

9-4 近道が1つしかない空間

せっかくですから，この定理からわかることをもう少し述べましょう。

三角形のガウス-ボンネの定理の証明では，三角形に穴があいていないことを使います。つまり三角形が曲面上1点に縮められる状態で証明を行います。閉曲線が連続的に1点に縮められる空間を単連結空間といいます。

球面は単連結で，その測地線は大円，つまり閉測地線でした。閉測地線とはなめらかな閉じた測地線のことで，これも測地三角形の特別なものと思うと，角がありませんので，α_i

$=0$，同値ですが$\beta_i=\pi$です。したがって，$\sum_{i=1}^{3}\beta_i=3\pi$ です。大円の囲むお椀形Aの面積は球面の面積4πの半分ですから2πです。半径が1のとき$K=1$ですから面積$=\int_A KdA=2\pi$ で，確かにガウス–ボンネの定理が成り立っています。

この事実に相対するものとして，非正曲率（$K\leq 0$）をもつ空間では次のことがいえます。以下，空間は完備とします。

単連結非正曲率空間には閉測地線は存在しない。

実際，閉測地線γがあれば，$\kappa_g=0$，$\alpha_i=0$ですから

$$\int_A KdA=2\pi$$

となり，$K\leq 0$と矛盾します。

また次のことも示せます。

単連結非正曲率空間の2本の測地線が
2点で交わることはない。

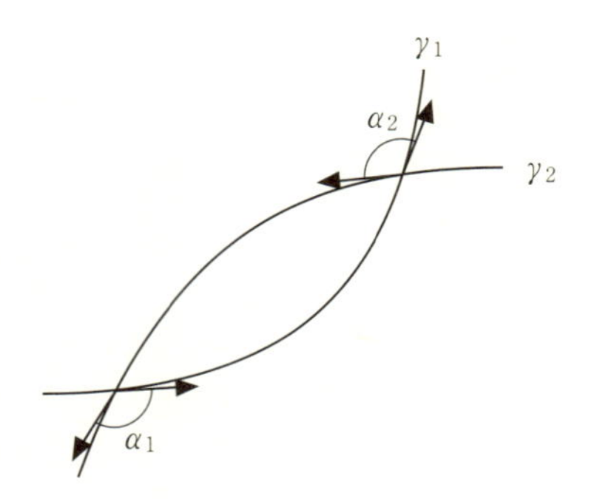

実際もし交わるとすれば，出発点での外角をα_1，交点での外角をα_2とするとき，$0<\alpha_1, \alpha_2<\pi$ですから，γ_1とγ_2で囲まれる領域をAとすると，

$$\int_A KdA = 2\pi - \alpha_1 - \alpha_2 > 0$$

でやはり矛盾です。このことから，次がいえます。

単連結非正曲率空間の一点から出る相異なる測地線は交わらない。

したがって，単連結非正曲率空間では2点を結ぶ測地線はたかだか1つであるということもわかります。$K=0$なるユークリッド空間は確かにこの性質をもちます。

ガウス–ボンネの定理は，このほか，任意の領域に対するもの，閉曲面に対するものがあり，いずれも曲面を三角形に分割して証明しますので，三角形に関するガウス–ボンネの定理が基本となります。

9-5 閉曲面に対するガウス–ボンネの定理

三角形に対するガウス–ボンネの定理を用いて，うらおもてのある閉曲面Mを三角形分割して得られる，次のガウス–ボンネの定理を示しましょう。

うらおもてのある種数gの閉曲面に対する
ガウス–ボンネの定理

$$\int_M KdA = 2\pi\chi(M) = 4\pi(1-g)$$

いまMはf個の三角形$T_1, T_2, \cdots, T_f$に分割されている（4.3節参照）としましょう。T_jの内角を$\beta_{j_1}, \beta_{j_2}, \beta_{j_3}$とおくと，各三角形上のガウス–ボンネの定理（9.3節）は

$$\int_{T_j} KdA + \int_{\partial T_j} \kappa_g ds = -\pi + \sum_{i=1}^{3} \beta_{j_i} \qquad (9.5)$$

となります。これを$j=1$からfまで足し合わせてみます。

$\chi(M)$
Mのオイラー数。（→P74）

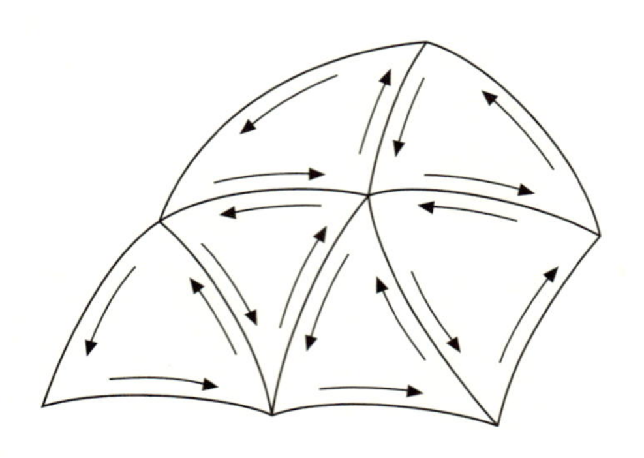

ここで左辺の和

$$\sum_{j=1}^{f}\left\{\int_{T_j} KdA + \int_{\partial T_j} \kappa_g ds\right\}$$

において，第2項の辺∂T_j上の積分は隣どうしで打ち消し合ってくれるので消えます。右辺の和

$$\sum_{j=1}^{f}\left\{-\pi + \sum_{i=1}^{3}\beta_{j_i}\right\}$$

において，三角形の内角β_{j_i}は，トータルとして頂点ごとに2πずつ足されますので，$+2\pi v$，差し引かれるπの個数は三角形の個数fですから，$\pi(2v-f)$となります。他方，辺の個数と三角形の個数の間には$2e=3f$なる関係があります。実際，三角形ごとに数えると辺は3つあるのでトータル$3f$で

すが，各辺は隣り合う三角形で2回ずつ数えられるので，$2e=3f$が成り立ちます。したがって

$$\text{右辺}=\pi(2v-f)=\pi(2v-3f+2f)=\pi(2v-2e-2f)=2\pi\chi(M)$$

となり，閉曲面のガウス-ボンネの定理が示されました。2番目の等号は（4.1）$\chi(M)=2(1-g)$から得られます。

9-6 曲率と位相

この定理からすぐにわかることは，種数gは0以上の整数ですから，ガウス曲率がいたるところ正ならば$g=0$，つまりMは2次元球面S^2と同相でなければならないということです。また$K=0$がいたるところ成り立てば，$g=1$ですから，Mはトーラスになってしまいます。さらにいたるところ$K<0$が成り立つためには，種数gは2以上でなければなりません。

このように，曲面の曲がり方と位相構造には深い関係があります。もう一つ，この公式では右辺は，曲面がどこに入っているかとかどう曲がっているかとかは関係ないトポロジーだけから決まる量です。他方，左辺には計量が関係しています。数学の重要な式において，このように全く由来の異なる2つの量が結ばれることがあります。特に，曲率などの微分幾何学量を積分すると，微分とは無関係な位相不変量が得られるという例は高次元でもいろいろあり，空間の性質を知る

ガウスの驚愕定理

曲面上の接ベクトルの長さが測れれば，曲面の曲がり方がわかります。(→P114)

上で大変有用なものとなります。

ガウス-ボンネの定理は約100年後にチャーン（S. S. Chern）によって，高次元のリーマン多様体に対して**ガウス-ボンネ-チャーンの定理**として拡張された後，**アティヤ-シンガー（Atiyah-Singer）の指数定理**に発展しています。

ガウス曲率$K=\kappa_1\kappa_2$は，オイラーが1760年にユークリッド空間E^3の曲面に対して定義したと述べました（6.4節）。また7.6節で述べたように，ガウスはこの曲率をガウス写像の観点からも意味づけましたが，最終的には曲面Mのリーマン計量ds^2だけから決まってしまうという**ガウスの驚愕定理**（7.4節）を発見しました。このようにM自身のデータだけから決まってしまう量を**内在的な量**といいます。

他方，平均曲率Hは，Mがユークリッド空間に入っているときの法ベクトル$\boldsymbol{n}$の動きを見る第2基本形式IIが本質的に関わりますので，**外来的な量**といいます。

第10章 物理から学ぶこと

ここでは関数の勾配やベクトル場の発散など，力学の基礎を話題にします。ガウス-ボンネの定理の証明（11.5節）に必須なストークスの定理が自然に示されます。以下の議論は多様体上に拡張されていますが，まずは平らな空間で考えましょう。

10-1 勾配ベクトル場と発散定理

ここでは通常，3次元ベクトル解析で述べられる事実を，簡単のため，2次元空間，特にユークリッド平面E^2で述べます。より一般に，曲面でも同じように考えることができますので，本書で述べることとしては，これで十分です。

(x, y)をE^2の通常の座標とします。

まず関数$f: E^2 \longrightarrow \mathbb{R}$の勾配ベクトル場を

$$\nabla f = \left(\frac{\partial f}{\partial x}, \frac{\partial f}{\partial y}\right) \in \mathbb{R}^2 \tag{10.1}$$

で定義します。これは文字通りfの勾配（fの増え方の大きさと方向）を与えるベクトル場です。これを

$$\nabla f = \frac{\partial f}{\partial x}\frac{\partial}{\partial x} + \frac{\partial f}{\partial y}\frac{\partial}{\partial y}$$

とも書きます。$\left(\frac{\partial}{\partial x}\right)_p, \left(\frac{\partial}{\partial y}\right)_p$は$p \in E^2$における$E^2$の接空間$T_pE^2$の基底で，$x$方向の単位ベクトル，$y$方向の単位ベクトルとします。右下についている$p$は，このベクトルの始点を表します。

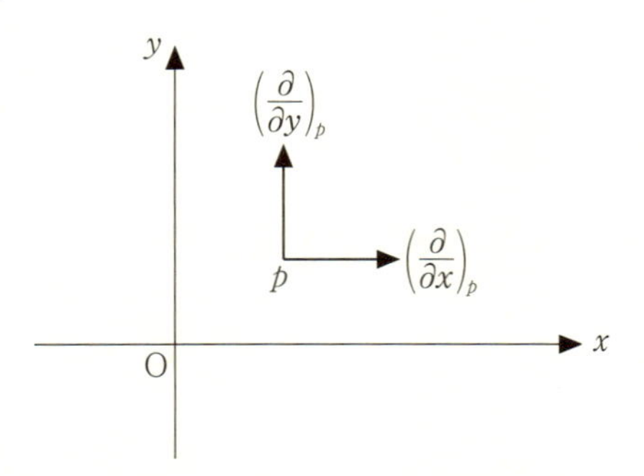

各点ごとに与えられたベクトルをベクトル場といいます。

∇fの読み方

ナブラ・エフと読みます。

$\left(\frac{\partial}{\partial x}\right)_p, \left(\frac{\partial}{\partial y}\right)_p$の読み方

それぞれ，デル・デルエックス・ピー，デル・デルワイ・ピーと読みます。

E^2上のベクトル場は$\xi(x, y), \zeta(x, y)$を関数として，

$$X = \xi \frac{\partial}{\partial x} + \zeta \frac{\partial}{\partial y}$$

と表せます。その発散を

$$\mathrm{div} X = \frac{\partial \xi}{\partial x} + \frac{\partial \zeta}{\partial y} \qquad (10.2)$$

で定義します。これはスカラー（数）です。

ベクトル場の発散とは，文字通り物理量が拡散していくことを計る量です。ベクトル場で電流や熱流を表すとき，各点pのまわりのとても小さい長方形への流入量と流出量を差し引いて，長方形を点pに縮めた極限量を，各点でのXの発散といいます。(10.2) の意味をこの定義に基づいて説明しましょう。

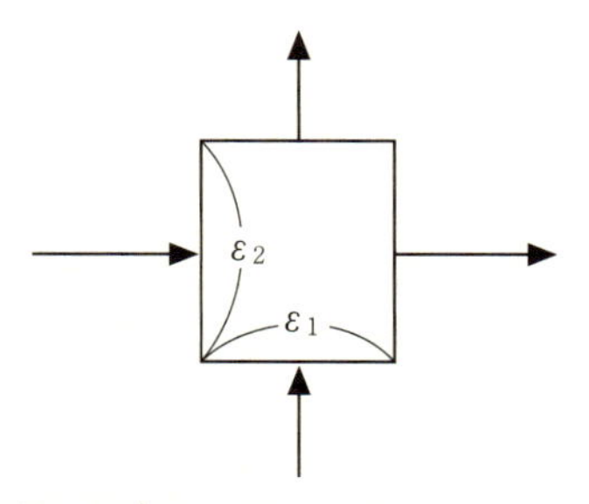

長方形を$R=\{(x, y) \mid a \leq x \leq a+\varepsilon_1,\ b \leq y \leq b+\varepsilon_2\}$とします。つまり辺長が$\varepsilon_1, \varepsilon_2$の長方形です。$x=a$なる辺から流入し，$x=a+\varepsilon_1$から流出する量は，$\xi$成分の変化量で，この辺長は

ξ, ζの読み方

ξはクシー，ζはゼータと読みます。ξはギリシャ文字クシーの小文字で，大文字はΞ。(→P92)

div$X$の読み方

Xの発散と読みます。または，ダイバージェンス・エックスと読むこともあります。

ε_2なので，各yにおいて

$$\left(\xi\left(a+\varepsilon_1, y\right)-\xi\left(a, y\right)\right)\varepsilon_2$$

と表せます。同様に$y=b$から流入し，$y=b+\varepsilon_2$から流出する量は，各xにおいて

$$\left(\zeta\left(x, b+\varepsilon_2\right)-\zeta\left(x, b\right)\right)\varepsilon_1$$

です。これを足してRの面積$\varepsilon_1\varepsilon_2$で割り，$\varepsilon_1, \varepsilon_2 \to 0$とすれば，

$$\lim_{\varepsilon_1, \varepsilon_2 \to 0}\left\{\frac{\xi\left(a+\varepsilon_1, y\right)-\xi\left(a, y\right)}{\varepsilon_1}+\frac{\zeta\left(x, b+\varepsilon_2\right)-\zeta\left(x, b\right)}{\varepsilon_2}\right\}$$

$$=\frac{\partial \xi}{\partial x}+\frac{\partial \zeta}{\partial y}=\operatorname{div} X$$

が得られます。これが各点での発散量で，これはスカラーです。

こう考えると，

境界∂Dをもつ領域Dの発散定理

$$\int_D \operatorname{div} X dA=\int_{\partial D}\langle X, \nu\rangle ds$$

が理解できます。ここでは$dA=dxdy$，νは境界∂Dの外向き単位法ベクトル，sは境界∂Dの弧長径数です。つまりDの

境界ではXの法方向の成分が流出しますから，それを境界に沿ってぐるりと積分すれば，D全体の発散量が得られるというわけで，直感的にうなずけると思います。発散定理は物理や数学で用いられる非常に重要な定理です。ここでは2次元平面で紹介しましたが，高次元ユークリッド空間やリーマン多様体Mでも対応する発散定理があります。

関数fに対して勾配ベクトル場$X=\nabla f$の発散$\triangle f=\mathrm{div}(\nabla f)$で定義される微分作用素$\triangle$を，**ラプラス作用素**といいます。このときは（10.2）において，$\xi=\dfrac{\partial f}{\partial x}, \zeta=\dfrac{\partial f}{\partial y}$ですから

$$\triangle f=\frac{\partial^2 f}{\partial x^2}+\frac{\partial^2 f}{\partial y^2} \tag{10.3}$$

となり，ラプラス作用素とよばれるご存じの微分作用素を得ます。

10-2 ストークスの定理 I

長方形を$R=\{(x, y) | a\leq x\leq b, c\leq y\leq d\}$とするとき，

$$\int_R\left(\frac{\partial \xi}{\partial x}+\frac{\partial \zeta}{\partial y}\right)dxdy=\int_c^d\int_a^b\left(\frac{\partial \xi}{\partial x}+\frac{\partial \zeta}{\partial y}\right)dxdy$$

$$=\int_c^d\left\{\xi(b, y)-\xi(a, y)\right\}dy+\int_a^b\left\{\zeta(x, d)-\zeta(x, c)\right\}dx$$

$\triangle f$
ラプラス作用素ですが，ラプラシアン・エフと読むこともあります。

$$= -\int_a^b \zeta(x, c)dx + \int_c^d \xi(b, y)dy + \int_a^b \zeta(x, d)dx - \int_c^d \xi(a, y)dy$$

(10.4)

と計算できます。これは発散定理です。実際，長方形の辺に反時計回りの向きをつけて点(a, c)から一回りするとき，発散定理に現れたν（外向き単位法ベクトル）は順に$-\dfrac{\partial}{\partial y}, \dfrac{\partial}{\partial x}, \dfrac{\partial}{\partial y}, -\dfrac{\partial}{\partial x}$です。$E^2$では$\left|\dfrac{\partial}{\partial x}\right| = \left|\dfrac{\partial}{\partial y}\right| = 1$，$\left\langle \dfrac{\partial}{\partial x}, \dfrac{\partial}{\partial y} \right\rangle = 0$ですから，$\langle X, \nu \rangle$は順に$-\zeta(x, c)$，$\xi(b, y)$，$\zeta(x, d)$，$-\xi(a, y)$となります。また，積分路は$\int_a^b dx$，$\int_c^d dy$，$\int_b^a (-dx)$，$\int_d^c (-dy)$ですから，発散定理の右辺と上の右辺が対応しています。

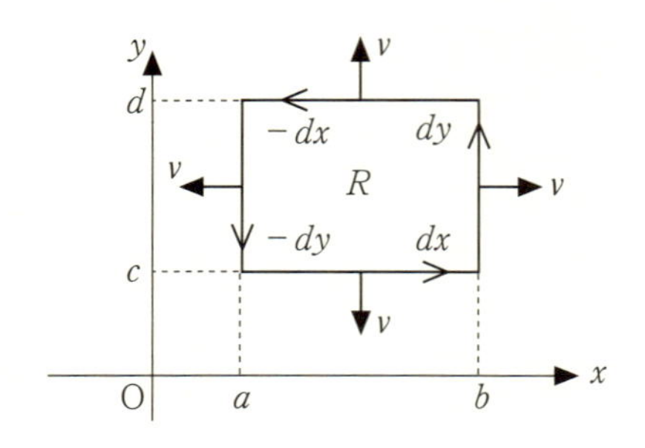

(10.4) を (長方形領域の) **ストークスの定理**といいます。これは発散定理と同様に，任意の領域Dについて成り立つ式です。ただし，領域には向きがついていて，境界にもそれと両立する向きを入れておきます。Dが長方形と同相な領域のとき成り立つことは座標変換を用いて計算することにより示せますが，少々高度な議論を要します。次に穴のあいた領域でもいくつかの長方形と同相な領域に分割して考えることにより，定理が得られます。実際，隣り合う長方形領域の共通辺上の線積分は向きの違いから互いに打ち消し合い，残る線積分は元の領域の境界に沿う線積分だけになります。

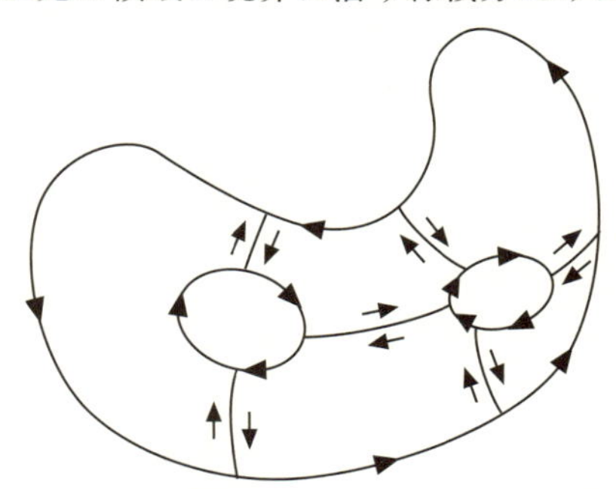

このストークスの定理を用いると，三角形に対するガウス-ボンネの定理が証明できます (11.5節)。このように，ストークスの定理は物理や数学においてなくてはならない定理です。

10-3 調和関数

10.1節でラプラス作用素を定義しました。$\triangle f=0$をみたす関数を**調和関数**といいます。

xy平面では $\triangle=\dfrac{\partial^2}{\partial x^2}+\dfrac{\partial^2}{\partial y^2}$ でしたからE^2上の調和関数の簡単な例は，定数関数のほか，$f(x,\ y)=ax+by+c$なるすべての1次関数，$f(x,\ y)=x^2-y^2$などの2次関数，そして複素関数論を習った人なら，正則関数の実部と虚部が調和関数であることを知っていると思います。つまり調和関数はたくさん存在します。

関数fの勾配ベクトル場は，fが増加する方向と大きさを与えるベクトルでした。勾配ベクトル場の発散がバランスよく打ち消し合っているのが調和関数です。各点の近傍で，流入量と流出量がつり合っているということです。調和関数には平均値性質という性質があります。つまり，pでの値は，かならず周辺のfの値の平均値で得られるという定理で，これも上の性質を考えれば納得できると思います。

一方，もう一つの重要な性質が次に述べる最大値原理です。

10-4 最大値原理

1変数関数$y=f(x)$は $f''=\dfrac{d^2f}{dx^2}\geq 0$ をみたすとき**凸関数**と

よばれます（微分できない関数についても定義がありますが，ここでは簡単のためこう定義します)。凸関数は下に凹んだ関数で，上に凸ではありません。

これは極値が$f''\geq 0$より常に極小値になっていることからわかると思います。残念ながら漢字は逆向きです。このような関数は，もし内点で最大値をとれば定数関数になってしまいます。

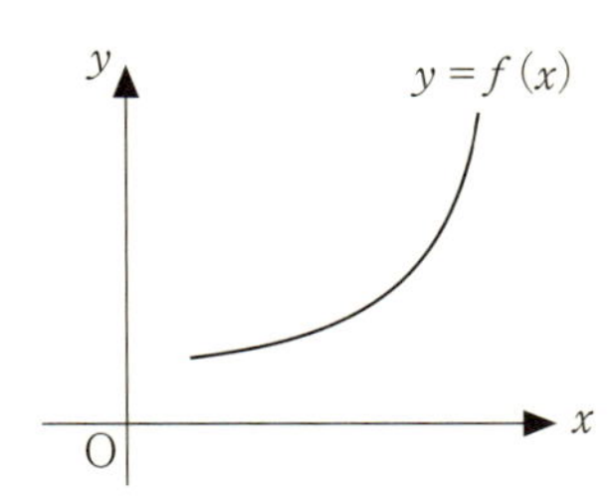

最大値原理とは，これの一般化で，楕円型偏微分方程式（例えば$\triangle f=0$）の非定数解は最大値を境界上でとるという原理です。したがって領域の内部で最大値をとるなら，この解は定数関数ということになります。

調和関数hが最大値原理をみたすことは，平均値性質からも示せます。

実際，$h(p)$はpの周りでのHの平均値ですから，$h(p)$が最大値ならば，平均値＝最大値となってしまい，hは定数関数になります。

Mがコンパクト多様体（境界のない閉じた多様体）なら必ず内点で最大値が発生しますから，M上には定数関数以外の調和関数は存在しません。これは，とても重要な事実です。

コンパクト多様体M上の調和関数は定数関数である。

第11章
三角形に対するガウス-ボンネの定理の証明

本章は少し難しいかもしれませんが，基本的な議論でガウス-ボンネの定理を証明します。微分形式になじみがなければ，飛ばしてもかまいませんが，微分形式を学ぶよい機会ですので，興味があれば読んでください。

曲がった空間である曲面上の積分を考えるため，座標の取り方によらない微分形式を導入します。座標によらないということは，曲面の座標近傍での議論を曲面全体でできるという意味で重要ですが，ここではあまり深入りせずに，この事実だけを覚えてください。

11-1 簡単な微分形式

微分と積分は互いに他の逆です。関数$F(x)$の微分$F'(x)=f(x)$を区間$[a, b]$で積分すると，

$$\int_a^b f(x)dx = F(b) - F(a) \qquad (11.1)$$

となり，Fの境界での値$F(a)$と$F(b)$で積分値が求まります。この事実を2次元で述べるため，少し準備をします。

(11.1) は1変数xの場合ですが，ここに現れるdxはもともとxの微小変化Δxの長さの代わりでした。そこでxy平面において，$dx \wedge dy$を微小区間ΔxとΔyの作る平行四辺形の面積を表すものとすると，平面領域Dの面積はこれを足し合わせて$\Delta x, \Delta y \to 0$とした極限

$$\int_D dx \wedge dy$$

で与えられます。

このとき領域に向きをつけて負の面積も考えることにすると，$dy \wedge dx = -dx \wedge dy$がうなずけるでしょう。また，$dx$と$dx$では平行四辺形はできませんから，$dx \wedge dx = 0$，同様に$dy \wedge dy = 0$です。

このように考えて，dx, dyの外積$dx \wedge dy$というものを，

次の性質をみたす積として定義します。

$$dx \wedge dx = 0 = dy \wedge dy, \quad dx \wedge dy = -dy \wedge dx \qquad (11.2)$$

以上に基づき，2次元に限って微分形式の概念を紹介します。名前は耳慣れないかもしれませんが，それほど難しい概念ではありません。

定義　2次元の微分形式には0–形式，1–形式，2–形式があり，それぞれ次で与えられる。

1. **0–形式**は関数$f(x, y)$。
2. **1–形式**は$f(x, y)$, $g(x, y)$を関数として$f(x, y)dx + g(x, y)dy$と書けるもの。
3. **2–形式**は$h(x, y)$を関数として，$h(x, y)dx \wedge dy$と書けるもの。

微分形式どうしは外積という演算ができます。0–形式どうしは普通の関数の積，また1–形式や2–形式に0–形式を外積することは係数に関数をかけるだけなので$\wedge$記号はつけません。

$$h(fdx + gdy) = hfdx + hgdy, \quad k(hdx \wedge dy) = khdx \wedge dy$$

2つの1–形式$fdx+gdy$と$hdx+kdy$の外積は，(11.2) に注意して，

$$(fdx+gdy)\wedge(hdx+kdy)=(fk-gh)dx\wedge dy$$

という2–形式になります。また，2–形式に1–形式，または2–形式を外積すると，dxまたはdyが必ず重なるので (11.2) により0になります。

11-2 外微分

微分形式には外微分とよばれる微分演算があります。0–形式fの外微分はその全微分を与える1–形式

$$df=\frac{\partial f}{\partial x}dx+\frac{\partial f}{\partial y}dy \tag{11.3}$$

のことです。1–形式$fdx+gdy$の外微分は，ライプニッツの法則を用いて，上のdfを代入し，さらに$ddx=0=ddy$を認めると，(11.2) から

$$d(fdx+gdy)=\left(-\frac{\partial f}{\partial y}+\frac{\partial f}{\partial x}\right)dx\wedge dy \tag{11.4}$$

となります。2–形式の外微分は同様の性質を利用すると，

$$d(hdx\wedge dy)=0 \tag{11.5}$$

です。

外微分はi-形式を$(i+1)$-形式に移し，2回続けて行うと消えます。実際，2-形式については1回で消えています。1-形式の2回外微分は2-形式の1回外微分ですから，これも消えます。0-形式については

$$ddf = d\left(\frac{\partial f}{\partial x}dx + \frac{\partial f}{\partial y}dy\right) = \left(-\frac{\partial^2 f}{\partial y \partial x} + \frac{\partial^2 f}{\partial x \partial y}\right)dx \wedge dy = 0$$

となります。ここでfはC^2級，つまり2回微分ができて，さらにその微分係数が連続，というクラスに入っている必要があります。

もう一つ，微分形式の外積の外微分は，φがi-形式のとき，

$$d(\varphi \wedge \psi) = d\varphi \wedge \psi + (-1)^i \varphi \wedge d\psi$$

となります。

11-3 ストークスの定理Ⅱ

（11.1）を一般化すると，$fdx = dF$なる1-形式を，端点がp, qの曲線cに沿って積分すること，つまり

$$\int_c fdx = \int_c dF = F(q) - F(p) \tag{11.6}$$

と表せます。

(11.1)

$$\int_a^b f(x)dx = F(b) - F(a)$$

2変数x, yで似たようなことを考えてみましょう。ただしこの場合左辺は，2-形式を2次元領域Aで積分し，右辺には1-形式の∂A上の線積分がきます。いまDをxy平面の領域とするとき，1-形式

$$\phi = f(x, y)dx + g(x, y)dy$$

の外微分は，2-形式

$$d\phi = (g_x - f_y)dx \wedge dy = \left(\frac{\partial g}{\partial x} - \frac{\partial f}{\partial y}\right)dx \wedge dy$$

で与えられました。

さて，AというDの部分領域の境界を∂Aと表すとき，ストークスの定理（10.4）で$\xi = g, \zeta = -f$とおけば，左辺は

$$\int_A (g_x - f_y)dxdy = \int_A d\phi$$

右辺は

$$\int_{\partial A} f(x, y)dx + g(x, y)dy = \int_{\partial A} \phi$$

となります。したがって

$$\int_A d\phi = \int_{\partial A} \phi \tag{11.7}$$

という単純な公式を得ます。これは$d\phi$のA上の積分の値が，微分する前のϕのAの境界∂Aでの積分値で得られるこ

ストークスの定理（10.4）

$$\int_R \left(\frac{\partial \xi}{\partial x} + \frac{\partial \zeta}{\partial y}\right)dxdy$$

$$= -\int_a^b \zeta(x, c)dx + \int_c^d \xi(b, y)dy + \int_a^b \zeta(x, d)dx - \int_c^d \xi(a, y)dy$$

とを表しています。つまり（11.6）に対応しているわけです。

11-4 ストークスの定理の応用

関数のラプラシアン（10.3）にストークスの定理を適用すると，

$$\int_A (\triangle f)dx \wedge dy = \int_{\partial A} -\frac{\partial f}{\partial y}dx + \frac{\partial f}{\partial x}dy \qquad (11.8)$$

を得ます。

ストークスの定理が特に有用なのは，Aが境界をもたないときと，1-形式ϕが境界で消えるときです。このときは右辺が0となって，都合のよいことがいろいろわかるのです。

例えばMが境界をもたない閉じた曲面のとき，fを$\triangle f \geq 0$をみたす劣調和関数とします。（11.8）の右辺は0ですから，左辺も0です。したがって$\triangle f = 0$，つまりfは調和関数となりますが，コンパクト曲面上の調和関数は定数関数のみ（10.4節）ですから，

コンパクト曲面上の劣調和関数は定数関数のみである

ことがわかります。

関数のラプラシアン（10.3）

$\triangle f = \frac{\partial^2 f}{\partial x^2} + \frac{\partial^2 f}{\partial y^2}$

11-5 三角形に対するガウス–ボンネの定理の証明*

以下は，三角形に対するガウス–ボンネの定理の証明です。少し難しければとばしてください。

曲面$\boldsymbol{p}(x, y)$の接ベクトル$\boldsymbol{p}_x$, $\boldsymbol{p}_y$を正規直交化して得られるベクトル$\boldsymbol{e}_1$, $\boldsymbol{e}_2$の双対ベクトルである1–形式θ^1, θ^2は，1–形式の空間の基底になっています。11.1節では，基底dx, dyを使いましたが，その代わりとなるものです。ここに双対ベクトルとは，

$$\theta^i(\boldsymbol{e}_j) = \delta_{ij} = \begin{cases} 1 & (i = j) \\ 0 & (i \neq j) \end{cases}$$

をみたす1–形式のことです。δ_{ij}を**クロネッカーのデルタ**といいます。

E^3の内積をここでは・で表します。$\boldsymbol{e}_3 = \boldsymbol{e}_1 \times \boldsymbol{e}_2$（単位法ベクトル）を登場させるとこれらは$\boldsymbol{e}_i \cdot \boldsymbol{e}_j = \delta_{ij}$をみたしますから，$d\boldsymbol{e}_i \cdot \boldsymbol{e}_i = 0$で，

$$\begin{aligned} d\boldsymbol{e}_1 &= \omega_1^2 \boldsymbol{e}_2 + \omega_1^3 \boldsymbol{e}_3 \\ d\boldsymbol{e}_2 &= \omega_2^1 \boldsymbol{e}_1 + \omega_2^3 \boldsymbol{e}_3 \\ d\boldsymbol{e}_3 &= \omega_3^1 \boldsymbol{e}_1 + \omega_3^2 \boldsymbol{e}_2 \end{aligned} \tag{11.9}$$

と書くことができます。ここにω_j^iは1–形式です。$d\boldsymbol{e}_i \cdot \boldsymbol{e}_j + \boldsymbol{e}_i \cdot d\boldsymbol{e}_j = 0$から，$\omega_j^i = -\omega_i^j$（$i, j = 1, 2, 3$）も成り立ちます。外

11.5
この節も*がついていますので，最初はとばしてもかまいません。

微分は2回施すと消えますので，第2式から，

$$0=d\omega_2^1\boldsymbol{e}_1-\omega_2^1\wedge d\boldsymbol{e}_1+d\omega_2^3\boldsymbol{e}_3-\omega_2^3\wedge d\boldsymbol{e}_3$$

に1，3番目の式を代入して，$\omega_2^1\wedge\omega_1^2=0$，$\omega_2^3\wedge\omega_3^2=0$を使うと，

$$0=d\omega_2^1\boldsymbol{e}_1-\omega_2^1\wedge\omega_1^3\boldsymbol{e}_3+d\omega_2^3\boldsymbol{e}_3-\omega_2^3\wedge\omega_3^1\boldsymbol{e}_1$$

を得ます。$\boldsymbol{e}_1$成分を比較すると，

$$d\omega_2^1=\omega_2^3\wedge\omega_3^1$$

が得られます。ここで基底$\boldsymbol{e}_1$, $\boldsymbol{e}_2$と単位法ベクトル$\boldsymbol{e}_3$についての第2基本量h_{ij}を，$h_{ij}=d\boldsymbol{e}_i(\boldsymbol{e}_j)\cdot\boldsymbol{e}_3$, $i, j=1, 2$で定義します。ω_i^3は1–形式，つまりθ^1, θ^2の一次結合で表せることに注意して，

$$\omega_2^3=\sum_{j=1}^{2}h_{2j}\theta^j,\quad \omega_3^1=de_3\cdot\boldsymbol{e}_1=-de_1\cdot\boldsymbol{e}_3=-\sum_{j=1}^{2}h_{1j}\theta^j$$

となります。これから，

$$\begin{aligned}d\omega_2^1=\omega_2^3\wedge\omega_3^1&=(h_{21}\theta^1+h_{22}\theta^2)\wedge(-h_{11}\theta^1-h_{12}\theta^2)\\&=-h_{21}h_{12}\theta^1\wedge\theta^2-h_{22}h_{11}\theta^2\wedge\theta^1\\&=(h_{11}h_{22}-h_{12}h_{21})\,\theta^1\wedge\theta^2\end{aligned}$$

が成り立ちます。ここで，$\theta^1\wedge\theta^1=0=\theta^2\wedge\theta^2$，$\theta^1\wedge\theta^2=$

$d\boldsymbol{e}_i(\boldsymbol{e}_j)$の意味

$d\boldsymbol{e}_i(\boldsymbol{e}_j)$は$\boldsymbol{e}_i$を$\boldsymbol{e}_j$方向に微分することです。$h_{ij}=d\boldsymbol{e}_i(\boldsymbol{e}_j)\cdot\boldsymbol{e}_3$はその法成分をとることですから，7.2節で定義した第2基本量L，M，Nに代わるものです。

ガウス曲率K

$K=\kappa_1\kappa_2=\det(\mathrm{I}^{-1}\mathrm{II})$ (→P105)

$-\theta^2 \wedge \theta^1$を使っています。(7.9) で見たように$K=\det(\mathrm{I}^{-1}\mathrm{II})$で，いまIは単位行列$E$，$\mathrm{II}=(h_{ij})$ですから，

$$d\omega_2^1 = K\theta^1 \wedge \theta^2 \tag{11.10}$$

なる**第2構造式**が得られます。ちなみに**第1構造式**とは，

$$d\theta^i = \theta^j \wedge \omega_j^i, \quad 1 \leq i, j \leq 2 \tag{11.11}$$

のことです。

したがって，考えている三角形を△とすると，ストークスの定理から，

$$\int_{\triangle} K\theta^1 \wedge \theta^2 = \int_{\partial\triangle} \omega_2^1 \tag{11.12}$$

を得ますので，右辺のω_2^1の図形的意味を考える必要があります。

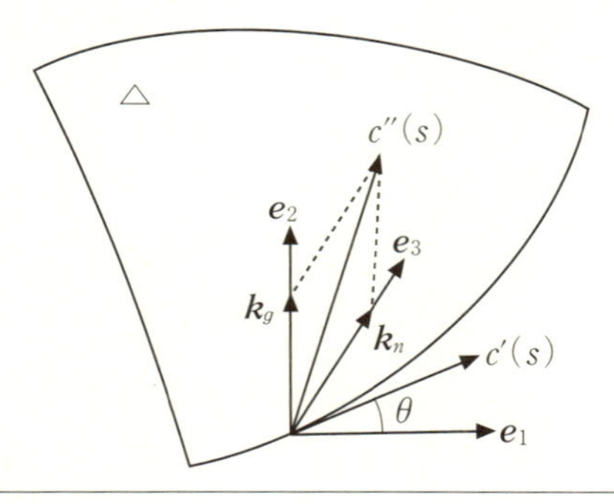

ストークスの定理

$$\int_A d\phi = \int_{\partial A} \phi$$

曲線$c=\partial\triangle$の滑らかな部分を弧長パラメーター表示しておくとき，$\boldsymbol{c}'(s)=\cos\theta(s)\boldsymbol{e}_1(s)+\sin\theta(s)\boldsymbol{e}_2(s)$と書けます。ここに$\boldsymbol{e}_1(s)$, $\boldsymbol{e}_2(s)$は第2章で与えたフレネ枠ではなくて，本節冒頭で定めた正規直交枠であることに注意しましょう。以下，$\theta(s)$, $\boldsymbol{e}_i(s)$のsを省略して書きますが，$\boldsymbol{c}(s)$の加速度ベクトルは

$$\boldsymbol{c}''(s)=\theta'(-\sin\theta\boldsymbol{e}_1+\cos\theta\boldsymbol{e}_2)+(\cos\theta d\boldsymbol{e}_1+\sin\theta d\boldsymbol{e}_2)$$

であり，その曲面に接する成分は（11.9）より，

$$\begin{aligned}\boldsymbol{c}''(s)&=\theta'(-\sin\theta\boldsymbol{e}_1+\cos\theta\boldsymbol{e}_2)+\cos\theta\omega_1^2\boldsymbol{e}_2+\sin\theta\omega_2^1\boldsymbol{e}_1\\&=\sin\theta(-\theta'+\omega_2^1)\boldsymbol{e}_1+\cos\theta(\theta'-\omega_2^1)\boldsymbol{e}_2\\&=(\theta'-\omega_2^1)(-\sin\theta\boldsymbol{e}_1+\cos\theta\boldsymbol{e}_2)\end{aligned}$$

となります。接ベクトル$\boldsymbol{c}'(s)=\cos\theta\boldsymbol{e}_1+\sin\theta\boldsymbol{e}_2$を反時計回りに90度回転した方向$-\sin\theta\boldsymbol{e}_1+\cos\theta\boldsymbol{e}_2$の$c''(s)$の係数が測地的曲率$\kappa_g$でしたから，

$$\kappa_g=\theta'-\omega_2^1$$

となり，

$$\int_c\omega_2^1ds=-\int_c\kappa_g ds+\int_c\theta' ds$$

が得られます。右辺の第2項は三角形の周りの接ベクトル$\boldsymbol{c}'$

$\boldsymbol{c}''(s)$を計算する際に

$\cos\theta(s)$をsで微分すると，θがsの関数だから，$-(\theta(s))'\sin\theta(s)=-\theta'\sin\theta$となります。ここで$(s)$を省略しました。あとは積の微分の公式を用います。

(11.9)

$$\begin{aligned}d\boldsymbol{e}_1&=\omega_1^2\boldsymbol{e}_2+\omega_1^3\boldsymbol{e}_3\\d\boldsymbol{e}_2&=\omega_2^1\boldsymbol{e}_1+\omega_2^3\boldsymbol{e}_3\\d\boldsymbol{e}_3&=\omega_3^1\boldsymbol{e}_1+\omega_3^2\boldsymbol{e}_2\end{aligned}$$

の動きの変化を表します。角がなくて一周ですと2πですが，角ではジャンプするα_iが数えられませんので，$2\pi - \sum_{i=1}^{3}\alpha_i$となります。以上で三角形に対するガウス-ボンネの定理が導かれました。

注意　最後の部分では三角形に穴があいていないことを使っています。穴があいていると，$\boldsymbol{c}'$が穴にぐるぐる巻き付く可能性が現れ，2πを基準に計算できなくなります。また角でジャンプするところの議論は厳密ではありません。詳細は巻末の関連図書の［4］などで確かめてください。

第12章 石鹸膜とシャボン玉

肩のこる話が続いたので，少し身近な曲面の例をあげましょう。

第2章では2点を結ぶ最短線を考えました。最短線は測地線の特別なものでした。では与えられた枠を張る曲面の中で面積が最小になるものはどのように与えられるでしょう。これは極小曲面とよばれるものになります。

測地線は必ずしも最短線ではありませんが，最短線は必ず測地線です。

同様に極小曲面は必ずしも面積最小ではありませんが，面積最小曲面は極小曲面です。

これはみなさんが極値問題を扱うときに，極値は極大値になったり，極小値になったりしますが，必ずしも最大値や最小値は与えない，ということと同じです。すなわち，測地線は長さの極値を与え，極小曲面は面積の極値を与えるのですが，必ずしもその最小値を与えるものではありません。

さてここでいう極値とは，高校で習う1変数関数$f(x)$の極値が$f'(x)=0$を解いて求まることと原理的には同じですが，次のような決定的違いがあります。

それは$f(x)$ではxがある区間$[a, b]$を動くときの極値ですが，2点間の最短線を考える問題では，xに当たるものは2点を結ぶ1つの曲線cであって，この曲線をいろいろ動かしたときの長さの極値を求めることを考えなければならないからです。2点を結ぶ曲線は無限にありますから，cは無限の自由度で動けて，xで微分して0といった単純なことでは済まないわけです。

実際は$c(t)$に沿うベクトル場$X(t)$を用いて$c(t)$を$c_\varepsilon(t)=c(t)+\varepsilon X(t)$というように変形させ（端点はとめる），その長さを$\varepsilon$の関数$L(\varepsilon)$と考え，$\varepsilon$に関する微分が消えることを考えます。しかし$X(t)$の選び方には無限の可能性がありますから，$f'(x)=0$の解を調べるといった簡単な方法で極値は求まりません。

同様に，ある枠Γを張る曲面Sがあるときも，曲面をいろいろ動かしてみてその面積の極値を求めなければならないわけですから，やはり無限の自由度があり，高校で習った知識だけでこの問題を解くことはできません。

ではどうしたらよいのでしょうか。実は，**変分法**とよばれる解決法が確立していて，極値は第1変分公式というものからオイラー–ラグランジュ方程式を解くことにより求められ，測地線の方程式，極小曲面の方程式が得られています。

測地線の方程式：曲線の測地的曲率 $\kappa_g=0$
極小曲面の方程式：曲面の平均曲率 $H=0$

証明は専門書に譲ることにして，ここでは面積最小曲面である石鹸膜で代表される極小曲面と，これに似て非なるシャボン玉である平均曲率一定曲面の紹介をしていきます。

12-1 石鹸膜の幾何学

針金の枠を張る石鹸膜は，表面張力により，面積をできるだけ小さくしようとしています。ときどき尖(とが)った点ができたり，折り目のようなところができたりすることもあるのを写真で見てください。

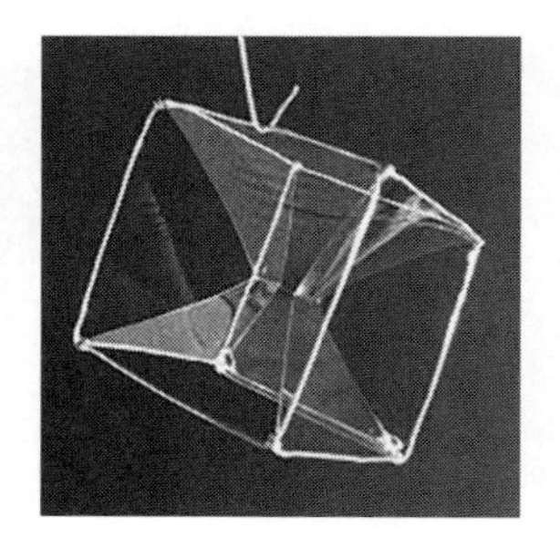

これは台所にあるキッチンソープをバケツの水にたっぷり注いで，泡を立てないように静かにまぜて，針金の枠を入れ，そうっとひきあげて簡単に作ることができます。針金はホームセンターで綺麗な色付きのものを手に入れて作ると楽しいものです。

石鹼膜の幾何学は古くから研究されていて，極小曲面論とよばれます。曲がった曲面として，身近に現れるものといってよいでしょう。

材料を節約できること，見た目も美しいことから建築に使われることもあり，ミュンヘンオリンピックスタジアムの屋根はフライ・オットーという人が極小曲面を用いて作った屋根として有名です。また数学に限らず，極小曲面は化学の世界でも2つの物質の境界面に現れる曲面として重要な研究対象になっています。

数学的には，極小曲面は平均曲率$H=0$をみたす曲面です。このとき主曲率は$\pm\kappa$になりますので，ガウス曲率は$K=-\kappa^2$で必ず非正になり，$K\neq0$ならば鞍形の点からできています。シャボン玉が丸く膨らんでいるのと対照的に凹んだ曲面というわけです。

極小曲面は複素数と相性がよく，等温座標から定まる複素座標を用いると，関数論的に表すことができます。ただ，実在する曲面ですから，複素数の世界で論じ切ることはできず，これが極小曲面論を難しくする要因，そして魅力となっています。

12-2 シャボン玉の幾何学

極小曲面と紛らわしいのがシャボン玉の幾何学で，これは平均曲率Hが0でない定数である曲面です。その特徴は，囲んでいる体積を一定にしたまま，表面積の極値を与えていることです。

平均曲率一定曲面という名前は長いので，ここではCMC曲面ということにしましょう。英語のconstant mean curvatureの頭文字をとっています。

種数0のCMC曲面は球面に限られることが知られていて，これがドームなどに応用されるのは自然なことでしょう。

CMC曲面論で長い間問題になっていたのが，トーラス型のCMC曲面は存在するか，という問題です。もう少し一般的にいえば，種数の大きい閉じたシャボン玉はあるか，という問題です。

閉曲面の中で球面の次に単純な，トーラス型のCMC曲面の研究のきっかけは，ホップ（H. Hopf）予想の否定的解決でした。

予想［ホップ］E^3のコンパクトなCMC曲面は標準球面，つまり，まん丸い球面のみである。

実際，E^3のCMC曲面としては長い間，シャボン玉，つまり，まん丸い球面しか知られていませんでした。

ホップ自身は1946年に曲面が球面に同相な場合にはCMC曲面はまん丸であることを示しました。また1956年にアレキサンドロフ（A. D. Aleksandrov）は，自分自身と交叉しないCMC曲面はまん丸いものしかないことを示しました。

ところが1983年，ヴェンテ（H. C. Wente）はトーラス型のシャボン玉があることを発見しました。さらに，1987年，1995年には，カプレアス（N. Kapouleas）によって種数が2以上のシャボン玉も存在することが示されました。つまり自己交叉を許せば，いくらでも複雑なシャボン玉があるということです。

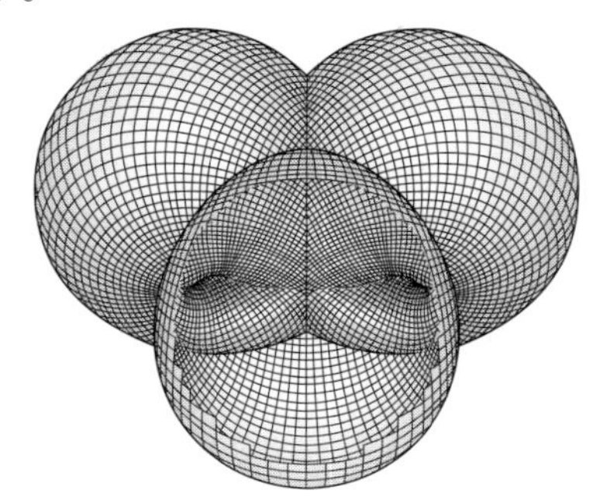

12-3 石鹸膜とシャボン玉のガウス写像

$z=x+iy$からなる平面を複素平面といい，$\mathbb{C}$と表します。もちろん$\mathbb{C}\cong\mathbb{R}^2$なる対応$z\mapsto(x, y)$があります。$\bar{z}=x-iy$を$z$の複素共役といいます。

さて，(x, y)を決めるためには，$z, \bar{z}$ の両方が決まる必要がありますね。つまり$\mathbb{C}$上の関数fを$\mathbb{C}\cong\mathbb{R}^2$上の関数と対応づけるには，$f=f(z, \bar{z})$なる2変数関数である必要があります。

ここでもしfがzだけに依存する場合，つまり，$\bar{z}$にはよらない値をとるとき，fのことを**正則関数**といいます。これは変数が1つ減っているわけですからとても特殊な関数です。そのため，正則関数は非常によい性質をもつ優等生関数です。例えば，$f(z)$が1回微分できることがわかると，無限回微分できることがわかってしまいます。同様に$f=f(\bar{z})$と$\bar{z}$だけの関数を反正則関数といいますが，本質的には正則関数と同じように論じられます。あくまでも重要なことは1変数関数である，ということです。

このようなよい性質をもつ関数ですから，その研究は複素関数論という大きな分野になり，また付随して複素多様体というものが実多様体に対応して論じられているのです。

実はE^3の極小曲面のガウス写像Gと立体射影（8.1節）を合成したものをgとおくと，gは正則関数になるのです。（向きづけにより，gは反正則関数になります。8.1節の【余談】参照）。

このことは次のように述べられることもあります。

E^3内の極小曲面のガウス写像$G:M\to S^2$は正則である。

これはE^3の極小曲面Mのもつ最も重要な性質といって構わないでしょう。実はMは，このgと，その相棒である1次正則微分$f(z)dz$（fも正則）というものをもち，(g, fdz)を用いて**ワイエルシュトラス−エンネッパー**（Weierstrass-Enneper）**表現**という公式で次のように与えられます。

$$p(z)=\Re\int_{z_0}^{z}\left(f\left(1-g^2\right), if\left(1+g^2\right), 2fg\right)dz\in E^3 \quad (12.1)$$

S^2

S^2は$S^2(1)$とも書き，半径1の球です。

$\Re$は実成分を表します。この美しい表現公式により，極小曲面については非常に多くの研究がなされています。

ここではE^3の極小曲面のよく知られている例を，ワイエルシュトラスデータ(g, fdz)および，図とともに与えておきましょう。ネットで調べれば多数の画像がありますので一度見てみてください。

❶ 平面：$(g, fdz) = ($定数関数$, dz)$

❷ 懸垂面（カテノイド）：$(g, fdz) = (-ie^z, 2ie^{-z}dz)$，懸垂線$x = \cosh z$を$z$軸の回りに回転したもの。

❸ 常螺旋面（ヘリコイド）：$(g, fdz) = (-ie^z, 2e^{-z}dz)$

❹ エンネッパーの曲面：$(g, fdz) = (z, 6dz)$

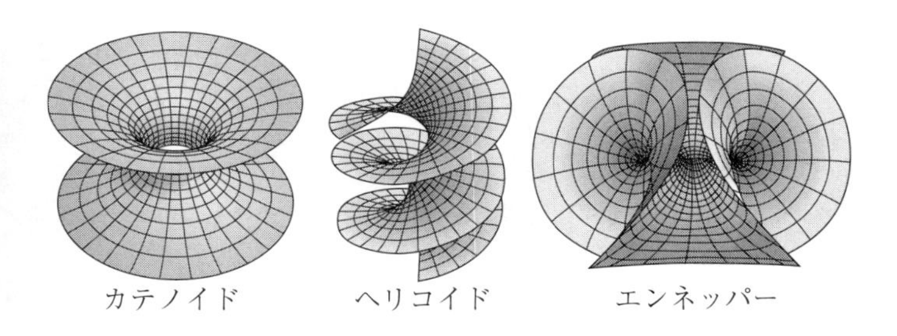

カテノイド　ヘリコイド　エンネッパー

一方，CMC曲面は次の事実によって調和写像と深い関係があります。

ここに調和写像とは，エネルギー汎関数の極値を与える写像です。エネルギー汎関数は，特殊なパラメーターをとることにより長さや面積と対応する自然な汎関数（無限次元ベクトル空間上の関数）ですが，ここでは深入りしません。

ルー–ヴィルム（Ruh-Vilm）の定理
E^3内のCMC曲面のガウス写像はS^2への調和写像である。

特にCMC曲面のガウス写像は双曲サインゴードン方程式という可積分方程式の解を用いて得られます。可積分方程式とは具体的に解を求めることのできる方程式，と考えておいてください。このような方程式からなる可積分系理論はトーラスととても相性がよく，トーラスからの調和写像については，ヴェンテの反例の構成をきっかけに，多くの重要な研究が生まれました。このことは，極小曲面の複素関数論的構成と対応して，CMC曲面の構成に重要な役割を果たしています。

12-4 勾配流，平均曲率流

最後に，実際に最短線や極小曲面，もっと一般にエネルギーの極値を求める方法として，勾配流の説明を少しだけしておきます。

第10章で，関数fの勾配ベクトル∇fを定義しました。例えばfが平面上の関数であれば，この勾配ベクトル∇fの方

∇f

$\nabla f = \left(\frac{\partial f}{\partial x}, \frac{\partial f}{\partial y}\right) \in \mathbb{R}^2$ （→P158）

∇ はナブラと読みます。

向に沿ってfの値は増えていくわけです。

これを{2点を結ぶ曲線全体の空間}上の曲線の長さ関数$L(c)$や，{枠Γを張る曲面全体の空間}上の曲面の面積関数$\mathcal{A}(S)$で考えてみます。その“勾配ベクトル”∇L，$\nabla \mathcal{A}$が考えられるならば，それに沿って曲線や曲面を動かしていけば，長さや面積を増やす（逆向きなら減らす）ことができるわけです。ここに“勾配ベクトル”と書いたのは，空間が無限次元になっているので，慎重な議論が必要だからです。

実は面積の勾配ベクトルは$\nabla \mathcal{A} = -H\boldsymbol{n}$として平均曲率ベクトル$-H\boldsymbol{n}$で与えられることが知られています。したがって平均曲率ベクトルに沿って曲面を変形させると，面積はだんだん減っていき，もしこの操作がずっと続けられるなら，曲面は極小曲面に近づくと考えてよいでしょう。極小曲面では$H=0$となって勾配が消えてしまうので，この変形はここでストップすると考えられます。

この流れを**平均曲率流**といい，近年盛んに研究される分野となりました。このように，勾配ベクトルを用いて，長さや面積の最小値を与える曲線や曲面を求めることを勾配法といいます。

実際は無限次元空間の上での解析になりますので，多くの困難が伴い，極値にたどり着く前に破綻してしまうこともあるのですが，この考え方による変分問題の解法は，応用数学においては至る所で使われています。このようにたとえ無限次元の空間であっても，その上のさまざまな汎関数の極値を求める問題は，理論，応用の両面から重要かつ興味ある課題です。

第15章で述べるポアンカレ予想の解決に使われたリッチ流は必ずしも勾配流ではありませんが，曲率をできるだけ単純化していくための変形理論です。ある量を小さくしていく，単純にしていく，安定にする，これはいろいろな幾何学流における自然な考え方です。

シャボン玉がくっついて、ユークリッドの姿に！

第13章 行列ってなに？

この章では，幾何を少しはなれて行列の話をします。これは最近高校生が行列を習わなくなったからです。でも心配には及びません。筆者が高校生だった時分にも行列は習いませんでしたが，大学に入ればちゃんと教えてくれましたから。

ここではガウス曲率や平均曲率の定義で使った行列の初等的な紹介をします。次の章では，ある性質をもつ行列の作る空間自体が曲がった空間になることを述べます。最終章のポアンカレ予想の解決に関係するからです。

13-1 線形性とは？

ガウス曲率と平均曲率の定義には第1基本形式と第2基本

形式に対応する行列I, IIを使いました。ここで線形代数と行列の話をします。

まず曲がっていない空間である線形空間と，そこに現れる線形代数を少し紹介しましょう。

直線（line）の方程式は，

$$y = ax + b,\quad ax + by + c = 0$$

というように，1次式で表されます。ここで1次式とはx, yについて最高次が1次の項から成る式です。x^2やxyが現れる式は2次式，x^3, xy^2などが現れれば3次式です（異なる文字x, yもxy^2となっているときは3次と数えます）。

$ax + by + c$のように，いくつかの文字で表される有限項の式を多項式といい，その最高次数を多項式の次数といいます。文字についているa, b, cなどは係数とよばれる数で，その次数は0と数えます。

特に，斉次多項式とは，どの項も同じ次数をもつ多項式のことです。例えば2変数で2次の斉次多項式とは

$$f(x, y) = ax^2 + bxy + cy^2$$

のことです。x, yについて1次の項や，0次の項はありません。

さて，1変数の1次斉次多項式$f(x) = ax$は次の2つの著しい性質をもちます。

$$(1)\ f(x_1+x_2)=f(x_1)+f(x_2)$$
$$(2)\ f(cx)=cf(x)$$

この2つの性質を合わせて**線形性**といいます。これはxについて2次や0次の項があると直ちにみたされなくなります。つまり，1次の斉次多項式であることが本質的です。「線形性」は1次の斉次多項式特有の性質であることを，まずしっかり覚えてください。

ここまでxは数と考えていましたが，これをベクトル$\boldsymbol{x}$に置き換えて，さらにaを行列A，つまり$\boldsymbol{x}$が2次の列ベクトルなら，Aを2×2行列などと考えれば，上の（1），（2）の性質は$f(\boldsymbol{x})=A\boldsymbol{x}$に対して成り立つ，つまり$f$は線形性をもちます。もっと一般のベクトルや行列を知っているなら，$\boldsymbol{x}$をn次列ベクトル，Aを$m\times n$行列にしても$A\boldsymbol{x}$は線形性をもちます。行列を知らない人は，次節で説明します。

さて，（1），（2）の線形性をもつ対象を論じる代数を**線形代数**といいます。

大学1年生で必ず学ぶ数学の一つです。英語ではlinear algebraです。

線形代数でよく使う**線形結合**，**線形独立**などの概念は**1次結合**，**1次独立**ということもあり，筆者は後者の方がわかりやすいと思っています。筆者自身，大学1年生のときに，いやもっと後まで，なぜ「線形代数」というのか，理由がよくわかっていませんでしたが，1次の斉次多項式特有の性質をみたす代数と思えば納得がいくからです。

13-2 行列

みなさんはベクトルはご存じですね。ベクトルは，大きさと向きをもっています。2次元ベクトルは $\vec{a}=(a, b)$，3次元ベクトルは $\vec{a}=(a, b, c)$ と表されます。ちなみに本書では，$\vec{a}$ は**行ベクトル**を表すことにします。

2次元行ベクトル $\vec{a}_1=(a_{11}, a_{12})$, $\vec{a}_2=(a_{21}, a_{22})$ を縦に並べて

$$A=\begin{pmatrix}\vec{a}_1\\ \vec{a}_2\end{pmatrix}=\begin{pmatrix}a_{11} & a_{12}\\ a_{21} & a_{22}\end{pmatrix}$$

としたものは2×2行列とよばれます。2行2列の数の正方形ができるので，これを2次の**正方行列**ともいいます。ただ行列の行数と列数は自由なので，例えば $\vec{a}_3$ を加えて，

$$B=\begin{pmatrix}\vec{a}_1\\ \vec{a}_2\\ \vec{a}_3\end{pmatrix}$$

とすれば3行2列の行列になります。これを3×2行列といいます。$\vec{a}_3=(a_{31}, a_{32})$ とすれば

$$B=\begin{pmatrix}a_{11} & a_{12}\\ a_{21} & a_{22}\\ a_{31} & a_{32}\end{pmatrix}$$

と書けます。行列のi行j列目の成分を(i, j)成分といい，a_{ij}と記します。

ここで，1番目の添え字は常に行を表し，2番目の添え字は常に列を表すという決まりを覚えておいてください。

より一般に，$m \times n$行列とは，n次行ベクトルが縦にm個並んでいるもののことです。以下，慣れない人はmやnは2か3で考えてください。

さてm次**列ベクトル**とは

$$\boldsymbol{b} = \begin{pmatrix} b_1 \\ \vdots \\ b_m \end{pmatrix}$$

のように，縦に数がm個並ぶベクトルで，本書では太字で書くことにします。このとき，m次行ベクトル$\vec{a} = (a_1 \cdots a_m)$と$\boldsymbol{b}$との積を

$$\vec{a}\,\boldsymbol{b} = a_1 b_1 + \cdots + a_m b_m \qquad (13.1)$$

で定義します。どこかで見た式ですね。そうです，$m=2$や3のときによくご存じの，2つの列ベクトルの内積$\langle \boldsymbol{x}, \boldsymbol{y} \rangle$の定義で，得られるのは数になります。

行ベクトルを列ベクトルに，列ベクトルを行ベクトルにすることを**転置**といい，記号「^{t}」で表します。上の$\boldsymbol{b}$の転置をとると，${}^t\boldsymbol{b} = (b_1 \ b_2 \ \cdots \ b_m)$というように列ベクトルの転置

は行ベクトルですから，${}^t\boldsymbol{x} = \vec{x}$ と表せば，

$$\langle \boldsymbol{x}, \boldsymbol{y} \rangle = {}^t\boldsymbol{x}\boldsymbol{y} = \vec{x}\,\boldsymbol{y}$$

です。これを用いて$l \times m$行列 $A = \begin{pmatrix} \vec{a}_1 \\ \vdots \\ \vec{a}_l \end{pmatrix} = \left(a_{ik}\right)$を，$m$次列ベクトル $\boldsymbol{b} = \begin{pmatrix} b_1 \\ \vdots \\ b_m \end{pmatrix}$に施すと，

$$A\boldsymbol{b} = \begin{pmatrix} \vec{a}_1 \\ \vdots \\ \vec{a}_l \end{pmatrix}\boldsymbol{b} = \begin{pmatrix} \vec{a}_1\boldsymbol{b} \\ \vec{a}_2\boldsymbol{b} \\ \vdots \\ \vec{a}_l\boldsymbol{b} \end{pmatrix} = \begin{pmatrix} \sum_{j=1}^{m} a_{1j}b_j \\ \sum_{j=1}^{m} a_{2j}b_j \\ \vdots \\ \sum_{j=1}^{m} a_{lj}b_j \end{pmatrix}$$

なるl次列ベクトル$A\boldsymbol{b}$を得ます。

これを用いて，Aと$m \times n$行列$B = (\boldsymbol{b}_1 \ \cdots \ \boldsymbol{b}_n) = (b_{kj})$との積は，

$$AB = (A\boldsymbol{b}_1 \ A\boldsymbol{b}_2 \ \cdots \ A\boldsymbol{b}_n)$$

なる$l \times n$行列で得られます。その(i, j)成分c_{ij}は，

$$c_{ij} = \vec{a}_i\boldsymbol{b}_j = \sum_{k=1}^{m} a_{ik}b_{kj}$$

で与えられます。

注意することは，$l \times m$行列$A = (a_{ij})$と，$m \times n$行列$B = (b_{ij})$

というように，

AとBの積ABが定義できる

$\Updownarrow$

Aの列の数と，Bの行の数が一致する

ことです。例えば，$1\times m$行列はm次行ベクトル，$m\times 1$行列はm次列ベクトルですから，(13.1) で積が定義されるわけです。ですからABが定義できてもBAが定義できるとは限りません。

さて，行列の基本的な紹介が続きましたが，本書は幾何学が目的です。したがって行列を幾何学的観点から捉えることが重要です。ベクトル$\boldsymbol{x}$に行列Aをかけることを演算として理解するのではなく，図形としてベクトル$\boldsymbol{x}$が別のベクトル$A\boldsymbol{x}$に移るという観点で理解しましょう。このとき写像$A:\boldsymbol{x}\mapsto A\boldsymbol{x}$は線形写像ですから，例えば原点を通る直線は，$2\times 2$行列$A$により，再び原点を通る（一般には別の）直線に移ります。このように直線を直線に移しますから「線形写像」という名称が与えられたといってもよいかもしれません。Aが3×3行列なら，$\mathbb{R}^3$の原点を通る平面は，原点を通る（別の）平面に移ります。つまり，行列は線形空間を線形空間に移すわけです。

13-3 固有値

この節では2×2行列の固有値とその応用を述べます。2次方程式の解と係数の関係がわかれば簡単に理解できます。

$$A=\begin{pmatrix} a & b \\ c & d \end{pmatrix}$$

を考えましょう。その行列式とトレースをそれぞれ

$$\det A = ad-bc, \quad \mathrm{tr}\, A = a+d$$

で定義します。このとき，2次方程式

$$x^2-(a+d)x+(ad-bc)=0 \tag{13.2}$$

の2つの解λ, μをAの固有値とよびます。この段階ではλ, μは複素数です。解と係数の関係から，

$$\lambda+\mu=a+d=\mathrm{tr}\, A, \quad \lambda\mu=ad-bc=\det A \tag{13.3}$$

が得られます。特に行列Aが対称，すなわち$b=c$をみたすとき，(13.2) の実根条件は

$$(a+d)^2-4(ad-bc)=(a-d)^2+b^2\geq 0$$

となりますから，λ, μは実数になり，実固有値が存在することがわかります。

行列式
determinant

トレース
trace

λ，μの読み方
λはラムダ，μはミューと読みます。

では，固有値がわかると何が嬉しいのでしょうか。行列Aにより，ベクトル$\boldsymbol{x}$は他のベクトル$A\boldsymbol{x}$に移りますが，このとき一般に$\boldsymbol{x}$と$A\boldsymbol{x}$は方向が変わります。固有値λが存在するということは，

$$A\boldsymbol{x} = \lambda\boldsymbol{x} \tag{13.4}$$

となるベクトル$\boldsymbol{x}$があることを意味しています。つまりAを施しても方向が変わらず，長さだけ変わるベクトルがあるということを意味します。

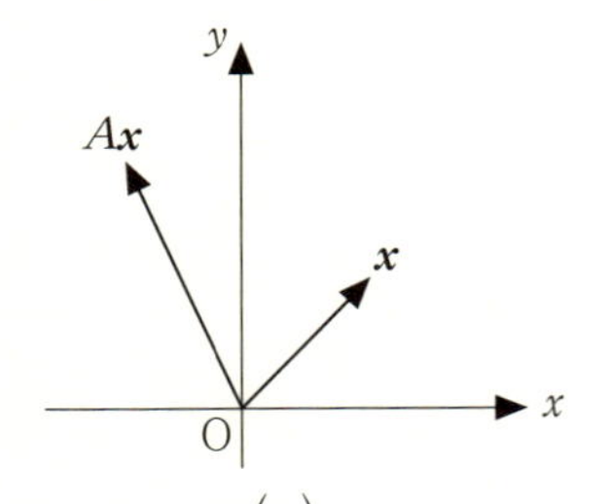

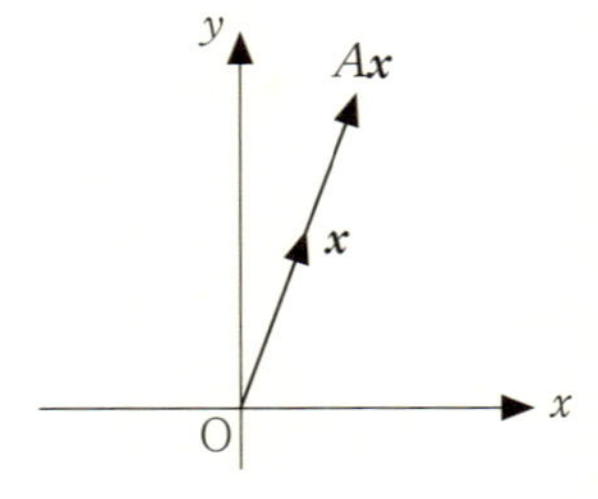

実際 $\boldsymbol{x} = \begin{pmatrix} x \\ y \end{pmatrix}$ に対して，$A\boldsymbol{x} = \lambda\boldsymbol{x}$は

$$\begin{cases} ax + by = \lambda x \\ cx + dy = \lambda y \end{cases}$$

と書けますから，

$$\begin{cases} (a - \lambda)x + by = 0 \\ cx + (d - \lambda)y = 0 \end{cases}$$

2次方程式の実根条件

2次方程式の2つの解が実根になるのは，判別式が0以上。0のときは重根になります。このときは，$\lambda = \mu$と考えます。

となります。これが$\mathbf{0}$でない解$\boldsymbol{x}$をもつためには，2つの式が本質的に同じ，$a-\lambda : b = c : d-\lambda$でなければなりません。つまり，

$$(a-\lambda)(d-\lambda)-bc=0$$

のとき，$\mathbf{0}$でないベクトル$\boldsymbol{x}$が見つかります。この方程式はλについての2次方程式

$$\lambda^2-(a+d)\lambda+(ad-bc)=0$$

で，(13.2) と一致します。したがって固有値が存在すれば，(13.4) をみたす$\mathbf{0}$でないベクトル$\boldsymbol{x}$が存在することになります。このとき$\boldsymbol{x}$を固有値λに対する**固有ベクトル**といいます。まとめますと次のようになります。

正方行列Aが固有値λをもつ

⇕

0でないベクトルxが存在して$Ax=\lambda x$となる

この2行目を正方行列の固有値の定義とすると，一般に

n次の実対称行列はn個の実固有値をもつ

ことが知られています。ここに対称行列とは，Aの行と列を

入れ替えた**転置行列**を${}^tA$で表すとき，$A={}^tA$をみたす行列のことです。

13-4 実対称行列の固有値の意味

さて，固有値の意味はなんでしょうか。実対称行列の固有値の捉え方の別の方法として，ミニマックス原理というのがあります。つまり，特に2次元の場合，λ, μは$\dfrac{\langle A\boldsymbol{x}, \boldsymbol{x}\rangle}{\langle \boldsymbol{x}, \boldsymbol{x}\rangle}$の最大値，最小値になっているのです。$\boldsymbol{x}$を単位ベクトルに限れば$\langle A\boldsymbol{x}, \boldsymbol{x}\rangle$の最大値，最小値です。

13-5 実対称行列の固有ベクトルの直交性

実対称行列の相異なる固有値に対する固有ベクトルは，互いに直交します。これを2次の実対称行列Aの2つの固有値λ, μに対する，固有ベクトル$\boldsymbol{x}$と$\boldsymbol{y}$について示してみましょう。すなわち，平面ベクトルの内積，

$$\langle \boldsymbol{x}, \boldsymbol{y}\rangle = 0$$

を示すのが目的です。

まず行列Aの転置行列${}^tA$とは，Aの行と列を入れ替えたもの，つまりAの(i, j)成分が${}^tA$の(j, i)成分となるものでした。実対称行列は${}^tA=A$をみたします。注意することとして，

対称行列
Aと，Aの行と列を入れ替えた転置行列${}^tA$が等しいのだから，そもそもAは行と列の数が等しい正方行列。

$$ {}^t(AB) = {}^tB\,{}^tA, \quad {}^t({}^tA) = A \tag{13.5} $$

があります。2×2行列で確かめてみてください。

もう一つ，(13.1) より，列ベクトル$\boldsymbol{x}, \boldsymbol{y}$の内積が，

$$ \langle \boldsymbol{x}, \boldsymbol{y} \rangle = {}^t\boldsymbol{x}\boldsymbol{y} = \vec{x}\,\boldsymbol{y} $$

と書けたことを思い出しましょう。これを踏まえると，

$$ \langle A\boldsymbol{x}, \boldsymbol{y} \rangle = {}^t(A\boldsymbol{x})\boldsymbol{y} = {}^t\boldsymbol{x}\,{}^tA\boldsymbol{y} = {}^t\boldsymbol{x}A\boldsymbol{y} = \langle \boldsymbol{x}, A\boldsymbol{y} \rangle $$

が成り立つ一方，

$$ \langle A\boldsymbol{x}, \boldsymbol{y} \rangle = \langle \lambda\boldsymbol{x}, \boldsymbol{y} \rangle = \lambda\langle \boldsymbol{x}, \boldsymbol{y} \rangle $$
$$ \langle \boldsymbol{x}, A\boldsymbol{y} \rangle = \langle \boldsymbol{x}, \mu\boldsymbol{y} \rangle = \mu\langle \boldsymbol{x}, \boldsymbol{y} \rangle $$

ですから，

$$ (\lambda - \mu)\langle \boldsymbol{x}, \boldsymbol{y} \rangle = 0 $$

となって，$\lambda \neq \mu$ならば

$$ \langle \boldsymbol{x}, \boldsymbol{y} \rangle = 0 $$

を得ます。

$\lambda = \mu$のときも，$\boldsymbol{x}, \boldsymbol{y}$を直交するように選べることが知られています。つまり，実対称行列の2つの固有ベクトルはいつも直交するようにとれるのです。より一般に，次が知られて

います。

n 次実対称行列は実固有値をもち，
その固有ベクトルは互いに直交するようにとれる。

上の事実は筆者を4年生から指導してくださった故大槻富之助 教授が，ことあるごとに口を酸っぱくしておっしゃっていた，幾何を勉強する上で基本となる重要な事実です。

私たちは，線形代数の産物である固有値を用いて，曲がった空間の幾何をいろいろ調べます。主曲率，ガウス曲率，平均曲率は第1，第2基本形式に付随する行列 $\mathrm{I}^{-1}\mathrm{II}$ の固有値から決まりました。

主曲率は法曲率が最大，最小となるときの値でした（6.4節）。ミニマックス原理を考えると，行列 $\mathrm{I}^{-1}\mathrm{II}$ の固有値が主曲率にほかならないのです（きちんと示すには2次形式の議論が必要です）。そしてこれらの値が図形を調べる基本量になっています。

幾何学を研究していると，いろいろな場面で実対称行列（もしくはその複素版であるエルミート対称行列）が現れ，その固有値を論じることは極めて重要です。

第14章 行列の作る曲がった空間*

第4章で閉曲面の分類を紹介しました。次は3次元空間の分類をしようというのは自然な流れですが，実はこの解決には長い年月がかかりました。もっとも単純ともいえる3次元球面を特徴づける**ポアンカレ予想**は，2003年にペレルマン（G. Perelman）というロシア人によりようやく解決されました。ペレルマンは，より一般の3次元空間の分類，サーストンの幾何化予想の解決を成し遂げ，その副産物としてポアンカレ予想が解かれたのです。

これを述べることは曲面のときのように簡単ではありませんが，少しだけでも理解したいですね。まずその準備から始めましょう。

第14章と第15章

この第14章と次の第15章は章の見出しに＊がつく，少し難しい話題です。

G.ペレルマン

ロシアの数学者であるペレルマンは，ポアンカレ予想の解決で，2006年度のフィールズ賞の受賞者となりましたが，彼は受賞を拒否しました。さらに，2010年，アメリカのクレイ数学研究所によるミレニアム賞の受賞も拒否しました。

一般にどこから見ても同じように見える空間は，わかりやすい空間です。ユークリッド空間や球面はその例です。このような空間を，等質空間とよびますが，これをまず紹介します。

その中でも一番わかりやすい，行列の作る群(ぐん)からなる曲がった空間の話をします。

数学で群というのは，**結合法則**をみたすある演算が定められ，その演算が**単位元**と**逆元**をもつ集合のことです。ここに結合法則とは，群をGと表し，その2つの元g, hの間の演算を$g \cdot h$と書くとき，

$$g \cdot (h \cdot k) = (g \cdot h) \cdot k, \qquad g, h, k \in G$$

がみたされることです。また単位元とは，

$$g \cdot e = e \cdot g = g, \qquad g \in G$$

をみたすGの元eのことです。$g \in G$の逆元とは，

$$g \cdot h = h \cdot g = e$$

をみたすGの元hのことで，これをg^{-1}と書きます。$g \cdot h = h \cdot g$となる群を**可換群**(かかんぐん)といいます。

例えば整数全体$\mathbb{Z}$は足し算という演算について可換群になっています。単位元は0，nの逆元はもちろん$-n$です。整

可換群

一般の群Gにおいて，$g \cdot h$と$h \cdot g$は必ずしも一致しません（$g, h \in G$）。ところが，どんな2つの元をとっても，$g \cdot h = h \cdot g$（$g, h \in G$）となるとき，その群を可換群といいます。

数は飛び飛びに現れるので，$\mathbb{Z}$は**離散群**（りさん）とよばれます。

これに対して，実数全体$\mathbb{R}$も足し算に関する可換群ですが，$\mathbb{R}$は連続位相をもち，足し算はこの位相について連続対応を与えます。連続とか位相という言葉は定義していませんが，直感的に，連続はつながっている，位相は点の周りに座標がある，くらいに考えておいてください。以後はこのような連続位相をもつ空間を考えましょう。

14-1 行列の作る群の形

簡単な例から始めます。例えば，2次元空間の角度θの回転を与える行列

$$R(\theta)=\begin{pmatrix}\cos\theta & -\sin\theta\\ \sin\theta & \cos\theta\end{pmatrix}$$

を考えます。点$\boldsymbol{x}=\begin{pmatrix}x\\ y\end{pmatrix}$は$\theta$だけ回転すると，点$\begin{pmatrix}x\cos\theta-y\sin\theta\\ x\sin\theta+y\cos\theta\end{pmatrix}$に移ります。これは行列の演算$R(\theta)\boldsymbol{x}$で記述されます。

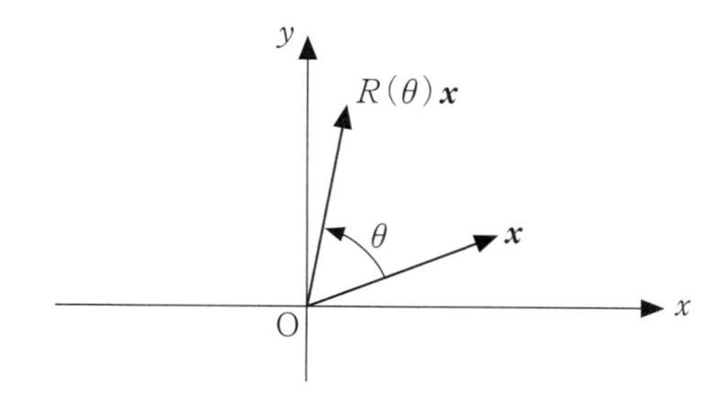

加法定理から$R(\theta)R(\tau)=R(\theta+\tau)$が成り立ちますので，回転行列は行列の積について可換群になります。これは**特殊回転群**とよばれ，その全体は$SO(2)$と記されます。「特殊」というのは裏返しは許さないという意味です。回転行列$R(\theta)$は角θが決まれば決まりますから，$R(\theta)$に円周S^1の点$(\cos\theta, \sin\theta)$を対応させれば，$SO(2)$はS^1と同一視できます。つまり，2次元の回転群の形は円です。

$$SO(2) \cong S^1$$

もう一つ例をあげましょう。ユニタリ群とは，${}^t\overline{U}U=E$をみたす複素正方行列の集まりです。ここで$\overline{U}$はUの複素共役，Eは単位行列，すなわち$E=\begin{pmatrix}1 & & 0\\ & 1 & \\ & & \ddots & \\ 0 & & & 1\end{pmatrix}$を表します。さらに$\det U=1$をみたすとき，これを特殊ユニタリ群といいます。

2次の**特殊ユニタリ群**は，

$$SU(2)=\left\{U=\begin{pmatrix}\alpha & -\overline{\beta}\\ \beta & \overline{\alpha}\end{pmatrix}\middle|\ \alpha,\beta\in\mathbb{C}, |\alpha|^2+|\beta|^2=1\right\} \quad (14.1)$$

と表されます。実際，

$SO(2)$
「SO」は，special orthogonal groupより。「2」は2次元の2。特殊直交群ともよばれ，orthogonalは「直交する」という意。

$\det U$
$\det U$の定義はP213の2段落目にあります。

$SU(2)$
特殊ユニタリ群：special unitary group

$$ {}^t\overline{U}U = \begin{pmatrix} \bar{\alpha} & \bar{\beta} \\ -\beta & \alpha \end{pmatrix} \begin{pmatrix} \alpha & -\bar{\beta} \\ \beta & \bar{\alpha} \end{pmatrix} = E, \quad \det U = |\alpha|^2 + |\beta|^2 = 1 $$

をみたしていることがわかります。つまり$\mathbb{C}^2=\mathbb{R}^4$の単位ベクトル$(\alpha, \beta)$を集めたものですから，$SU(2)$は3次元の球面$S^3$と思うことができて，図形として

$$SU(2) \cong S^3$$

です。

このように，行列の作る群が図形と同一視される，もう少し数学的にいえば，群であると同時に多様体でもある群をリー群といいます。

余談　空間AとBの同一視とは，Aの元にただ1つのBの元を対応させ，Bの元にただ1つのAの元を対応させることができるということです。例えば，区間$[0, 2\pi)$と円周S^1は，

$$[0, 2\pi) \ni \theta \longmapsto (\cos\theta, \sin\theta) \in S^1$$

により同一視ができます。

また，空間に演算があるときはこの演算も保たれる，例えば足し算は足し算に移る，掛け算は掛け算に移ることを要求する場合もあります。このときはAとBの間には同

型対応がある，といい，A≅Bと表します。時には掛け算が足し算に移ること（時にはその逆）もあります。

14-2 リー群

少し様子がわかったところで，**リー群**の定義をきちんと述べてみましょう。

群Gが多様体の構造をもち，対応

$$G\times G\ni(g,h)\longmapsto g\cdot h^{-1}\in G$$

が連続かつ微分可能となるものをリー群といいます。

例えば実数$\mathbb{R}$は足し算に関する群，また$\mathbb{R}^*$で0以外の実数を表すと，$\mathbb{R}^*$は掛け算に関する群で，どちらも可換リー群です。

オイラー表示（8.13）

$$e^{i\theta}=\cos\theta+i\sin\theta$$

を用いると，$S^1=\{e^{i\theta}\mid\theta\in[0,2\pi)\}$と書けて，これは掛け算について群になり，特殊回転群$SO(2)$と同型である（演算ともども同一視ができる）ことを冒頭で述べました。さらにS^1はユニタリ群$U(1)$とも同型になります。実際，

$$e^{i\theta}\overline{e^{i\theta}}=(\cos\theta+i\sin\theta)(\cos\theta-i\sin\theta)=1$$

ですから，$e^{i\theta}$は$U(1)$の元となります。

$G\times G\ni(x,y)$の意味

$x\in G$かつ$y\in G$ということです。

$$SO(2) \cong S^1 \cong U(1)$$

ここでは演算も保たれるので，$\cong$ は同型対応です。

以下，行列からなるリー群の例をもう少しあげます。$M_n(\mathbb{R})$ で $n \times n$ の実行列全体，E を n 次単位行列とし，${}^tA$ で行列 A の転置行列を表します。

特殊直交群を，

$$SO(n) = \{A \in M_n(\mathbb{R}) \mid {}^tAA = E, \det A = 1\}$$

で定義します。これは $\mathbb{R}^n$ のベクトルに行列の掛け算として作用して，その内積を変えません。実際，

$$\langle A\boldsymbol{x}, A\boldsymbol{y}\rangle = {}^t(A\boldsymbol{x})A\boldsymbol{y} = {}^t\boldsymbol{x}{}^tAA\boldsymbol{y} = {}^t\boldsymbol{x}\boldsymbol{y} = \langle \boldsymbol{x}, \boldsymbol{y}\rangle \quad (14.2)$$

となります。したがって，ユークリッド空間 E^n の長さを変えない変換を与えるともいえます。任意の n に対して，$SO(n)$ も多様体であることがわかり，したがって $SO(n)$ はリー群です。

またユニタリ群 $U(n)$ とは

$$U(n) = \left\{U \in M_n(\mathbb{C}) \middle| {}^t\overline{U}U = E\right\}$$

のことでした。ここに$M_n(\mathbb{C})$は$n \times n$の複素行列全体です。これは$\mathbb{C}^n$に作用して，**エルミート内積**を保ちます。ただしエルミート内積とは，$\boldsymbol{z} = (z_i)$, $\boldsymbol{w} = (w_i)$に対して

$$\langle \boldsymbol{z}, \boldsymbol{w} \rangle = \sum_{i=1}^{n} \bar{z}_i w_i$$

で与えられるものです。これは（14.2）と同様にして確かめられます。ユニタリ群$U(n)$も多様体構造をもつのでリー群です。

もう一つ，2次の特殊線形群を

$$SL(2, \mathbb{R}) = \{B \mid \det B = 1\}$$

で定めますと，これが群の性質をみたすことは，$\det(AB) = \det A \det B$からわかります。

$$B = \begin{pmatrix} x & y \\ z & w \end{pmatrix}, \quad xw - yz = 1$$

ですから，$SL(2, \mathbb{R})$はx, y, z, wという座標をもつ$\mathbb{R}^4$の中の，$xw - yz = 1$なる2次式で定められる3次元多様体の構造をもち，リー群です。有界な$SO(2)$や$U(1)$と異なり，$SL(2, \mathbb{R})$は無限に広がったリー群です。

有界な図形となるリー群を**コンパクトリー群**，そうでないリー群を**非コンパクトリー群**といいます。

$SL(2, \mathbb{R})$
特殊線形群：special linear group

行列の作る群で多様体の構造をもつものは，上にあげた例のほかにもたくさんあります。リー群の中には，行列では表現できない**例外リー群**とよばれるものもありますが，コンパクトリー群はすべて分類されています。

実リー群の例をもう少しあげておきましょう。$n \geq 3$のn次正方行列Aの行列式を，Aのn個の列ベクトルが張る平行面体の符号付き体積として定義して，$\det A$で表します。

❶ $\mathbb{R}^n$はベクトルの足し算を群演算とする可換リー群。

❷ 一般線形群：$GL_n(\mathbb{R}) = \{A \in M_n(\mathbb{R}) | \det A \neq 0\}$

❸ シンプレクティック群：

$$SP(n) = \left\{ A \in M_{2n}(\mathbb{R}) \middle| {}^t A \Omega A = E \right\}, \Omega = \begin{pmatrix} 0 & E_n \\ -E_n & 0 \end{pmatrix}$$

❹ ハイゼンベルク群：$H_3 = \left\{ \begin{pmatrix} 1 & x & z \\ 0 & 1 & y \\ 0 & 0 & 1 \end{pmatrix} \right\}$, $x, y, z \in \mathbb{R}$で，これは冪零(べきれい)リー群とよばれる群の一つです。

❺ 可解リー群：上三角2×2行列すべてからなる群の部分群など。

なぜここでこれらのリー群をあげたかといいますと，のちに述べる3次元空間の分類（15.2節）に現れるものだからで

$GL_n(\mathbb{R})$
一般線形群：general linear group

H_3
ハイゼンベルク群：Heisenberg group

$SP(n)$
シンプレクティック群：symplectic group

す。

14-3 SU(2)とSO(3)の表す図形

3次元の特殊回転群$SO(3)$も，対応する図形を具体的に表すことができます。実際，$SU(2)$で，Uと$-U$を同一視したものが，$SO(3)$となります。$SU(2)$はS^3とみなすことができましたから，$SO(3)$はS^3の対点を同一視して得られる3次元の実射影空間$\mathbb{R}P^3$です。

$$SO(3) \cong \mathbb{R}P^3$$

この対応$SU(2) \ni U \mapsto \widetilde{U} \in SO(3)$を，具体的に与えてみましょう。

$$\mathbb{R}^3 = \mathbb{R} \times \mathbb{C} \ni \boldsymbol{x} = (x, z) \to X = \begin{pmatrix} x & \overline{z} \\ z & x \end{pmatrix}$$

とすれば，$\mathbb{R}^3$の点を行列で表すことができます。

$$\boldsymbol{x} = (x, z) \in \mathbb{R}^3 \Leftrightarrow {}^t\overline{X} = X \qquad (14.3)$$

に注意しましょう。このとき，$\mathbb{R}^3$の内積は，$\boldsymbol{x}$と，$\boldsymbol{y} = (u, w) \in \mathbb{R} \times \mathbb{C}$に対応する行列 $Y = \begin{pmatrix} u & \overline{w} \\ w & u \end{pmatrix}$に対して，

$$\langle \boldsymbol{x}, \boldsymbol{y} \rangle = \frac{1}{2}\mathrm{tr}(XY) = \frac{1}{2}(xu + \bar{z}w + z\overline{w} + xu) = xu + \Re(\bar{z}w) \tag{14.4}$$

で与えられます。いま$SU(2)$は,

$$\widetilde{U}\boldsymbol{x} = {}^t\overline{U}XU$$

で$\mathbb{R}^3$に作用します（次節参照）。実際右辺の転置共役をとると,

$$\overline{{}^t({}^t\overline{U}XU)} = {}^t\overline{U}\,{}^t\overline{X}\,{}^t\overline{({}^t\overline{U})} = {}^t\overline{U}XU \tag{14.5}$$

ですから,（14.3）により$\mathbb{R}^3$のベクトルが得られます。さらに（14.4）と（14.5）を用いると,

$$\begin{aligned}
2\langle {}^t\widetilde{U}\boldsymbol{x}, \widetilde{U}\boldsymbol{y} \rangle &= 2\langle {}^t\overline{U}XU, {}^t\overline{U}YU \rangle \\
&= \mathrm{tr}({}^t\overline{U}XU\,{}^t\overline{U}YU) \\
&= \mathrm{tr}({}^t\overline{U}(XYU)) = \mathrm{tr}((XYU)\,{}^t\overline{U}) \\
&= \mathrm{tr}(XY) = 2\langle \boldsymbol{x}, \boldsymbol{y} \rangle
\end{aligned}$$

となり,$SU(2)$の作用で内積は保たれます。3行目ではトレースのみたす性質

$$\mathrm{tr}(AB) = \mathrm{tr}(BA)$$

を使いました。このようにして$U \in SU(2)$は$\mathbb{R}^3$の等長対

応，すなわち$SO(3)$の元$\widetilde{U}$に対応するのです。

定義からUと$-U$の$\mathbb{R}^3$への作用は同じです。つまり$SU(2)\ni U\mapsto \widetilde{U}\in SO(3)$なる対応は2対1となり，$S^3\to\mathbb{R}P^3$なる対応と同一視できるのです。

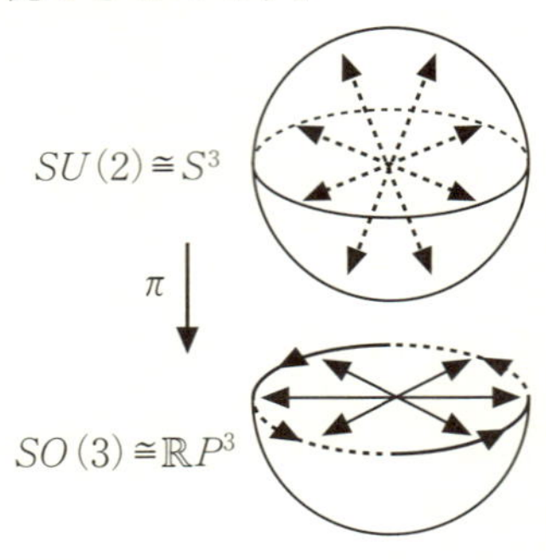

14-4 群作用と対称性

n次正方行列は線形空間$\mathbb{R}^n$に左からの自然な掛け算で作用します。一般に群Gが線形空間Vに作用するとは，

$$G\times V\ni(g,\boldsymbol{x})\mapsto g\boldsymbol{x}\in V$$

が定められていて，

$$(g\cdot h)\boldsymbol{x}=g(h\boldsymbol{x}),\quad g,h\in G,\quad e\boldsymbol{x}=\boldsymbol{x},\ \boldsymbol{x}\in V$$

をみたすことです。ここでは左からの作用で定義していますが，右からの作用でも定義できます。

群の作用があるとき，$\boldsymbol{x}\in V$に対して

$$O_x = G\boldsymbol{x} = \{g\boldsymbol{x} \mid g\in G\}\subset V$$

をGの軌道といいます。

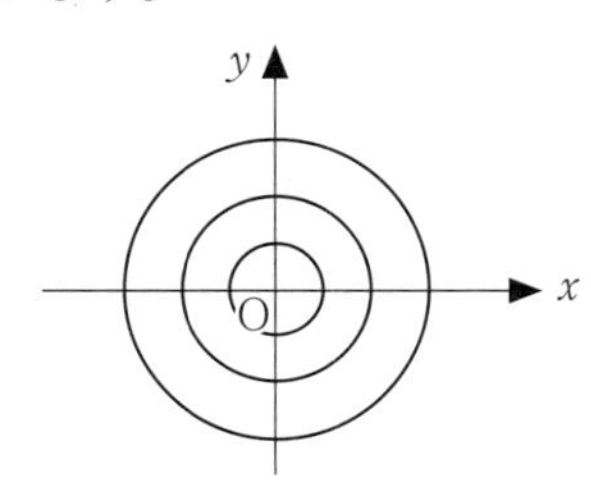

平面に回転群$SO(2)$が作用すると，原点以外では軌道として円が現れます。またこの回転で不変な関数は動径rだけの関数になるなど，平面上の回転対称性を論じることができます。

リー群はこのように空間に作用することにより，空間に対称性を与えるため，物理や数学において，大変重要な役割を果たします。

一般にリー群Gがある線形空間Vに作用することをGのVへの表現といいます。前節で，$SU(2)$は$\mathbb{C}^2$への自然な行列の掛け算による表現と，$\widetilde{U}$で与えられる$\mathbb{R}^3$への表現をもつことがわかりました。このようにリー群の表現は1つとは限りません。

リー群の表現を調べることは表現論とよばれ，数学や物理における重要な研究分野です。

14-5 被覆空間

うらおもてのない曲面のところで2重被覆の話をしました（5.1節）。ここではより一般の被覆空間の話をしましょう。

❶ $\pi_1 : \mathbb{R} \to S^1$ を $\pi_1(s) = e^{is}$ で定めます。
❷ $\pi_2 : \mathbb{R}^2 \to S^1 \times \mathbb{R}$ を $\pi_2(s, t) = (e^{is}, t)$ で定めます。
❸ $\pi_3 : \mathbb{R}^2 \to T^2$ を $\pi_3(s, t) = (e^{is}, e^{it})$ で定めます。

このようなとき，各 π_i を S^1, $S^1 \times \mathbb{R}$, T^2 それぞれの被覆（写像）といいます。特にいま，$\mathbb{R}$ や $\mathbb{R}^2$ は単連結なので，これは**普遍被覆**とよばれるものになっています。

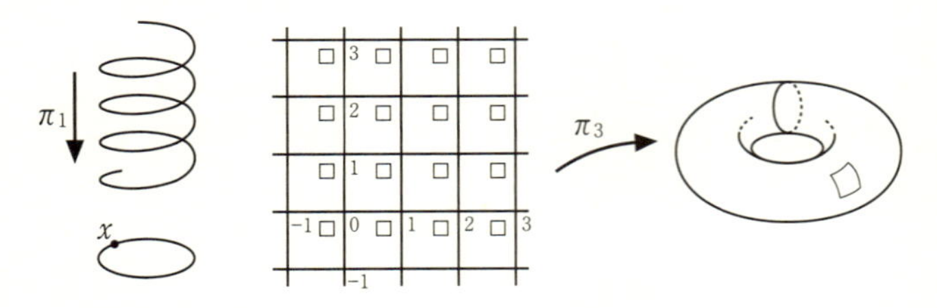

1では $\mathbb{R}$ の各元を整数群 $\mathbb{Z}$ の作用 $x \to x + n\pi (n \in \mathbb{Z})$ で同一視して S^1 が得られます。2では $\mathbb{R}^2$ の第1成分に，3では両方の成分にこの同一視を行うと，それぞれ円筒 $S^1 \times \mathbb{R}$，トーラス T^2 が現れます。

このようにある空間Mに群Gの作用があるとき，その作用で移り合うものを同一視して得られる空間M/GをMの商空間，あるいは軌道空間とよびます。空間Mにリー群が作用すると，新たな空間M/Gが生まれるのです。ただし一般にはM/Gは多様体になりません。

Gが整数群のように離散群でM/Gが多様体になるとき，MはM/Gの被覆空間，Gは**被覆変換群**とよばれます。Mが単連結のとき，MをM/Gの**普遍被覆空間**といいます。

うらおもてのある閉曲面の場合，S^2は単連結ですのでそれ自身が普遍被覆空間，T^2は上で見たように$\mathbb{R}^2=\mathbb{C}$が普遍被覆空間です。種数2以上の任意の閉曲面の普遍被覆空間は開円板$\mathbb{D}$で，種数や構造の違いは$\mathbb{D}$に働く群作用の違いから得られます。つまり，

> **うらおもてのある閉曲面の普遍被覆空間は**
> **S^2, $\mathbb{C}$, $\mathbb{D}$の3つだけである**

ことが，**ケーベの一意化定理**としてよく知られています。

注意　$\mathbb{C}$と$\mathbb{D}$は位相的には同じものですが，ここでは複素構造，つまり共形構造も区別しています。

M/Gの読み方

エム・オーバー・ジーと読みます。

他方，3次元の閉多様体に対してその普遍被覆空間がどのくらいあるのかは長いことわかっていませんでした。この問いに対する予想がサーストンの幾何化予想といわれるもので，ポアンカレ予想を含むミレニアム問題だったのです。これがペレルマンによりリッチ流を用いて解かれたことは，全世界を通じて大きな話題となりました。

任意の完備多様体は普遍被覆空間をもちますので，普遍被覆空間が分類されれば，その上の群作用で割った空間の構造も決まることになります。

14-6 どこから見ても同じ空間

前章で見たように，ある空間を群作用で割って得られる空間がまた綺麗な多様体になることがあります。一般には多様体にならないことも多いのですが。

例として，リー群そのものも多様体ですが，「リー群をリー群で割って作られる」等質空間とよばれる多様体があります。等質とは，どこを見ても等質，つまりどの点の周りも同じに見える空間のことでした。球面を例に，等質空間を説明しましょう。

特殊直交群 $SO(n+1)$ が内積を保つことはすでに示しましたので，単位ベクトルは単位ベクトルに移ります。したがって球面 $S^n=\{\boldsymbol{p}\in\mathbb{R}^{n+1}\,|\,|\boldsymbol{p}|=1\}$ には，$SO(n+1)$ が

$$SO(n+1)\times S^n \ni (A, \boldsymbol{p}) \mapsto A\boldsymbol{p} \in S^n$$

で作用します。これは通常のベクトルに対する行列演算で，もちろん微分可能です。

さて，$\boldsymbol{p}, \boldsymbol{q} \in S^n$に対しては，必ずある直交群の元$A \in SO(n+1)$が存在して$\boldsymbol{q}=A\boldsymbol{p}$となります。これは$\boldsymbol{p}, \boldsymbol{q}$と原点で決まる平面の回転$SO(2)$で$\boldsymbol{p}$を$\boldsymbol{q}$に移すことができ，$SO(2)$は$SO(n+1)$に入っているからです。このように空間の任意の点を任意の点に移すことのできる群作用を，**推移作用**とよびます。

次に，$\boldsymbol{p} \in S^n$に対して$\mathrm{Iso}(\boldsymbol{p})=\{A \in SO(n+1) \mid A\boldsymbol{p}=\boldsymbol{p}\}$を$\boldsymbol{p}$における等方群といいます。これは$\boldsymbol{p}$を動かさない$SO(n+1)$の元の集まりのことです。$S^n$では$\boldsymbol{p}$と直交する$n$次元空間の特殊直交群，つまり$\mathrm{Iso}(\boldsymbol{p})=SO(n) \subset SO(n+1)$と表すことができます。そこで，

$$S^n = SO(n+1)/SO(n) \tag{14.6}$$

と記述するのですが，この意味はS^nの点$\boldsymbol{p}$は$\mathrm{Iso}(\boldsymbol{p})$の作用で動かず，$SO(n)$は点$\boldsymbol{p}$に何の影響も引き起こしませんので，$SO(n+1)$の中で$SO(n)$の作用を無視しようということです。$\boldsymbol{p}$以外の任意の点$\boldsymbol{q}$は，$SO(n+1)$の推移作用で，あ

$\mathrm{Iso}(p)$
等方群：isotropy group

る$A \in SO(n+1)$によりApと表せるので，S^nは$SO(n+1)/SO(n)$と同一視できます。また，この議論は$SO(n+1)$を直交群$O(n+1)=\{T \in M_{n+1}(\mathbb{R}) \mid {}^tTT=E\}$に置き換えても成り立ちますので，$S^n$は$O(n+1)/O(n)$とも同一視できます。

より一般に空間Mにリー群Gが推移的に作用するとき，この議論をなぞると，1点$p \in M$における等方群Hを用いて，$M=G/H$と表せることがわかります。このような空間Mを等質空間といいます。

等質空間では，点pの周りを調べると，点$q=gp$の周りはpの周りをgで写したものと同じになるという意味で，どの点の周りも点pの周りのコピーと思えることを表しています。リー群G自身は等方群を単位元eとする等質空間です。

等質空間の曲がり方は，1点で計算すれば，あとはどの点でも同じになりますので，扱いやすい空間と考えてよいでしょう。

重要な等質空間の例を，もう少しあげておきます。それぞれ群作用と推移性，等方群を確認してみましょう。

1. 双曲平面：$H^2=SL(2, \mathbb{R})/SO(2)$。$H^2$を上半複素平面内の点として表すとき，$SL(2, \mathbb{R})$は$H^2$に$\begin{pmatrix} a & b \\ c & d \end{pmatrix} z = \dfrac{az+b}{cz+d}$ で

作用します。推移性は簡単なので略します。$z=i$での等方群は，

$$\frac{ai+b}{ci+d}=i \Leftrightarrow ci^2-(a-d)i-b=0 \Leftrightarrow a=d, b=-c$$

で，$ad-bc=1$とあわせると，$SO(2)$の元となります。

2. 実射影平面：$\mathbb{R}P^2=O(3)/O(1)\times O(2)$。$\mathbb{R}P^2=S^2/\{\pm 1\}$，$S^2=O(3)/O(2)$なので，$O(1)=\{\pm 1\}$からわかります。

3. グラスマン多様体：
$\mathrm{Gr}_k(\mathbb{R}^n)=\mathbb{R}^n$の$k$次元部分空間全体$=O(n)/O(k)\times O(n-k)$。
実際$\mathbb{R}^n$のk次元部分空間$V_0=\mathbb{R}^k$を固定して，直交分解$\mathbb{R}^k\oplus\mathbb{R}^{n-k}$を考えるとき，

$$O(k)\times O(n-k)=\begin{pmatrix} A & 0 \\ 0 & B \end{pmatrix}, A\in O(k), B\in O(n-k)$$

はV_0の等方群になります。

ここでは1以外はコンパクトな等質空間となっています。

空間Mの被覆の親玉は普遍被覆空間$\overline{M}$です。そこで3次元空間の分類においても，「親玉$\overline{M}$は何か？」，つまり「**完備単連結な3次元空間は何か？**」ということが基本問題になります。次の章ではこれに対する解答を述べます。

あぶないから穴を埋めよう！

第15章

3次元空間の分類*

15-1 ポアンカレ予想

ようやく3次元空間の分類を述べる準備ができました。はじめにポアンカレ予想を紹介しましょう。

2次元では，うらおもてがある閉じた曲面で，任意のループが1点に縮められる，つまり単連結なものは，球面S^2しかないことがわかりました。トーラスが現れると，浮き輪の穴を囲んでいる円周はどうやっても1点に縮められないからです。

では同じことを3次元で考えてみましょう。「うらおもて」に対する言葉として，「**向きづけ可能**」という概念を，どの点のまわりにも右手系の座標がとれることとして定めます。ラフないい方ですが，深入りはしないことにしましょう。このとき，向きづけ可能な閉じた3次元空間で，任意のループが1点に縮められるものは，3次元球面S^3だけでしょうか？

この素朴な問題が**ポアンカレ予想**とよばれるものです。実は4次元以上では対応する問題（ホモロジー球面は球面と同相か？）がとっくに解決されていたのですが，3次元だけ解決に長い時間がかかりました。

究極の問題は「単連結な3次元空間は何か？」を明らかにすることです。

詳細は困難を極めますが，この問題がどのようにして解けたか，少しだけ解説します。

15-2 幾何化予想

曲面の場合，簡単なパーツに分けていくときの切り口は曲線，とくに円周と考えてよいでしょう。連結和を取る逆の操作です。最終的に「素な曲面」としていくつかのトーラスが現れて，それがパーツになりました。

3次元空間Mを簡単なパーツに分けるとき現れる切り口は閉じた曲面です。とくに2次元球面とトーラスで切り離して簡単なパーツに分けることを考えます。例えば（閉じてはいませんが）$\mathbb{R}^3$を球面S^2で切り離すと，ボールの中身と，その外側に分解されます。トーラスで切り離せば，ドーナツの中身と外側に分かれます。

向きづけられた閉じた3次元空間Mをこのように分解した場合，パーツの親空間が8種類であるというのがサーストン（W. Thurston）による幾何化予想です。そしてリッチ流というものを用いてサーストンの予想を実現し，解決に導いたのがペレルマンの業績です。

8つの幾何構造のモデルとなる空間は，単連結な3次元等質空間X，つまりXに推移的に作用するリー群Gと，コンパクトな等方群Hにより，$X=G/H$と表せる空間です。

次に空間Mの幾何構造とは，Mと微分同相なX/Γ（ここにΓはGの離散部分群）のことです。微分同相というのは，互いに構造を変えないで移り合える，くらいに考えてください。

1次元のX/Γの例としては$S^1 \cong \mathbb{R}/\mathbb{Z}$，2次元の例としては$T^2 \cong \mathbb{R}^2/\mathbb{Z}\times\mathbb{Z}$をすぐに思いつきます。これにより，トーラスには平坦（曲率0）な幾何構造が入ることがわかります。

2次元のとき，つまり閉曲面に対してはケーベの一意化定理（14.5節）により，Xは定曲率空間であるS^2, $\mathbb{R}^2 \cong \mathbb{C}$, $\mathbb{D}$（複素円板）のどれかです。任意の閉曲面はΓの作用でこれらの空間を割って得られるわけです。

3次元のとき，サーストンはモデルとなる単連結な等質空間Xは次の8つであることを予想しました。

$$球面 S^3, ユークリッド空間 E^3, 双曲空間 H^3,$$

$$S^2\times\mathbb{R}, H^2\times\mathbb{R}^1,$$

$SL(2,\mathbb{R})$の普遍被覆空間，3次元冪零リー群，3次元可解リー群

実際にこれを3次元空間の分類につなげたのはペレルマンで，その一部として最初に述べたポアンカレ予想も解決されました。ペレルマンは，ハミルトン（R. Hamilton）による空間に計量を入れて考えるリッチ流の手法を用い，統計的考察を取り入れるなどの斬新な方法でこの問題を解決しました。このようにトポロジーの問題を幾何解析的手法で解いたことは，数学界ではかなりセンセーショナルなニュースとなりました。

曲面の場合，種数が0ならガウス曲率1をもつ計量を，種数1ならガウス曲率0，2以上ならば-1をもつ計量を入れることができます。普遍被覆面がそれぞれ，S^2, $\mathbb{C}$, $\mathbb{D}$だからです。元々の計量はガウス曲率一定ではありませんが，ガウス曲率を一定値に近づけるような計量の変形があれば，これらのモデル空間のどれかにならなければならないわけです。

これがリッチ流の考え方です。定曲率を含むアインシュタ

イン計量という綺麗な計量はリッチ流で動かないので，リッチ流はここに行き着くことが期待されます。ハミルトンは1982年，リッチ流の考え方で3次元位相多様体の分類ができるのではないかと提案したのですが，実際にこの方法で予想が解けたのは2003年，ペレルマンによるものでした。

残念ながらこれ以上の詳細は本書の域を超えますので，専門書にゆずりましょう。

あとがき

『曲がった空間の幾何学』を，高校生くらいの知識を前提にして解説する，というテーマをいただきこの本を書き始めました。ところが書いているうちにどんどん専門的になってしまい，できた原稿は当初の目的から外れた，親しみにくいものになってしまいました。そこで、あらためてブルーバックス用に原稿を書き直すことにしました。元の原稿はサイエンス社から，『現代幾何学への招待』というSGCシリーズの一冊として出版していただき，大学生以上の多くの皆さんに読んでいただいています。

その姉妹版というか，やわらかくしたのがこの『曲がった空間の幾何学』です。高校生にも，また一般の方，文系の方にも、幾何学のおもしろさ，大切さをわかっていただきたいと思い，工夫しながら書きましたので，大分読みやすくなっていると思います。

この事情により，本書と『現代幾何学への招待』には少々重なる部分があったり，図版が同じであったりしますが，サイエンス社さん，講談社さんには，このことをお認めいただき，心から感謝しております。

数学のような基礎学問は，目に見えなくても深いところで必ず我々の生活と関わっています。ただ，それを理解するにはやはり日頃の積み重ねや，トレーニングが必要です。スポーツや音楽と全く同じです。好きならば苦にも思いませんが，あまり好きでなくても，やっているうちに好きになることもあります。特に担当の先生の話が面白かったり，こうした書物で楽しさに触れたりすることがきっかけになることも多いのです。

この本を読んでいただいたら，数学専攻の大学生2年次くらいの幾何の知識が身についたと思ってよいと思います。これは相当のものです。本書の次に読む啓蒙的な書物として[1]［2］［3］，より本格的な数学書として［4］［5］［6］をあげておきます。

本書が少しでも「お役に立てば」，著者にとってはこの上もない喜びです。この本を手に取った瞬間から，ここまで読み進んでいただいたのも何かのご縁です。どうもありがとうございました。

2017年春　杜の都にて

関連図書

［1］V.L.ハンセン，井川俊彦訳『自然の中の幾何学』（トッパン，1994）

［2］宮岡礼子『現代幾何学への招待』（サイエンス社SGCライブラリ124，2016）

［3］根上生也『トポロジカル宇宙完全版，日本評論社(2007).

［4］小林昭七『曲線と曲面の微分幾何（改訂版）』（裳華房，1995）

［5］松島与三『多様体入門』（裳華房，1965）

［6］酒井隆『リーマン幾何学』（裳華房，1992）

索引

〈記号・アルファベット〉

〈あ行〉

〈か行〉

〈さ行〉

〈た行〉

〈な行〉

〈は行〉

〈ま行〉

〈や行〉

〈ら行〉

〈わ行〉

N.D.C.414.8　238p　18cm

ブルーバックス　B-2023

曲がった空間の幾何学
現代の科学を支える非ユークリッド幾何とは

2017年7月20日　第1刷発行
2017年9月1日　第2刷発行

著者　宮岡礼子
発行者　鈴木　哲
発行所　株式会社講談社
〒112-8001 東京都文京区音羽2-12-21
電話　出版　03-5395-3524
販売　03-5395-4415
業務　03-5395-3615
印刷所　（本文印刷）豊国印刷株式会社
（カバー表紙印刷）信毎書籍印刷株式会社
本文データ制作　講談社デジタル製作
製本所　株式会社国宝社

定価はカバーに表示してあります。

ISBN978-4-06-502023-4

発刊のことば

科学をあなたのポケットに

二十世紀最大の特色は、それが科学時代であるということです。科学は日に日に進歩を続け、止まるところを知りません。ひと昔前の夢物語もどんどん現実化しており、今やわれわれの生活のすべてが、科学によってゆり動かされているといっても過言ではないでしょう。

そのような背景を考えれば、学者や学生はもちろん、産業人も、セールスマンも、ジャーナリストも、家庭の主婦も、みんなが科学を知らなければ、時代の流れに逆らうことになるでしょう。

ブルーバックス発刊の意義と必然性はそこにあります。このシリーズは、読む人に科学的に物を考える習慣と、科学的に物を見る目を養っていただくことを最大の目標にしています。そのためには、単に原理や法則の解説に終始するのではなくて、政治や経済など、社会科学や人文科学にも関連させて、広い視野から問題を追究していきます。科学はむずかしいという先入観を改める表現と構成、それも類書にないブルーバックスの特色であると信じます。

一九六三年九月

野間省一